普通高校“十三五”规划教材·旅游管理系列

酒水知识与文化

马 特 ◎ 编著

清华大学出版社
北 京

内 容 简 介

“酒水知识与文化”是我国高等院校旅游管理专业、酒店管理专业的专业必修课程。本书以高等院校的培养要求为标准，理论与实践相结合，循序渐进地介绍了国内外酒水基本理论知识和酒水的文化传统，研究了国内外名酒和饮料的概念、种类、特点、调制、历史和文化。

本书内容丰富、深入浅出、生动可读、实用性强，全面系统地介绍了酒、茶、咖啡、发酵酒、蒸馏酒等酒水文化方面的知识。本书既可作为旅游管理、酒店管理、会展管理、俱乐部管理等专业的教材，也可作为高等院校各专业的公共选修课教材，同时也可作为旅游、酒店、餐厅、酒吧、娱乐、休闲等行业的培训教材，对酒店相关从业人员及酒水爱好者亦具有较好的参考价值。

图书在版编目（CIP）数据

酒水知识与文化/马特编著. —北京：清华大学出版社，2019（2024.2重印）

普通高校“十三五”规划教材·旅游管理系列

ISBN 978-7-302-52323-9

Ⅰ.①酒…　Ⅱ.①马…　Ⅲ.①酒－基本知识－高等学校－教材　②酒－文化－高等学校－教材　Ⅳ.①TS971

中国版本图书馆CIP数据核字(2019)第029092号

责任编辑：陆浥晨
封面设计：李伯骥
责任校对：宋玉莲
责任印制：丛怀宇
出版发行：清华大学出版社

网　址：https://www.tup.com.cn，https://www.wqxuetang.com
地　址：北京清华大学学研大厦A座　　邮　编：100084
社 总 机：010-84370000　　邮　购：010-62786544
投稿与读者服务：010-62776969，c-service@tup.tsinghua.edu.cn
质 量 反 馈：010-62772015，zhiliang@tup.tsinghua.edu.cn
课 件 下 载：https://www.tup.com.cn，010-83470158

印 装 者：三河市少明印务有限公司
经　销：全国新华书店
开　本：185mm×260mm　　**印　张：**13.5　　**字　数：**301千字
版　次：2019年10月第1版　　**印　次：**2024年2月第7次印刷
定　价：45.00元

产品编号：081286-01

前言

“酒水知识与文化”是我国高等院校旅游管理专业、酒店管理专业的专业必修课程，本书以高等院校的培养要求为标准，理论与实践相结合，循序渐进地介绍了国内外名酒和饮料的概念、种类、特点、调制、历史及文化，非常符合本科教育的特点。

本书在编写过程中尽量做到内容丰富、知识准确、深入浅出、生动可读、实用性强。全书较为系统全面地介绍了酿造酒、蒸馏酒、配制酒、鸡尾酒、茶等饮料的制作工艺及相关文化知识。本书既可作为旅游管理、酒店管理、会展管理、俱乐部管理等专业的教材，也可作为本科院校各专业的公共选修课教材，同时还可作为旅游、酒店、餐厅、酒吧、娱乐、休闲等行业的培训教材，对酒店相关从业人员及酒水爱好者亦具有较好的参考价值。

在本书编写过程中，全明月、吴肖肖、郑莹、张芝源、周凯静、李敏慧、李欣雅等同学参与了整本书籍的资料收集、编撰修改等工作。其中，全明月同学负责整个小组的统筹、计划以及执行工作。刘洁、郝丽婷、于国英、崔涣然、田祎梦、刘晓晨、李微、李彤彤、张微、陈昕宇、张雨欣等同学做了基础内容搜集及部分校对工作。在此，对他们的付出和参与表示感谢。

目录

第一章

酒水概述

一、酒水的概念

酒水，是一切含酒精饮料与不含酒精饮料的统称。酒是指含酒精的饮料，水是指不含酒精的饮料。

二、酒水的起源与发展

概括地讲，关于酒水起源的相关研究，前人主要从如下三个方面着手。

（1）围绕古籍文献及历史传说，从文字中追根求源。

（2）辨伪求真，从“否定”中求肯定。

（3）依附考古发掘材料，让“目前事实”说话。[①]

有关于酒水的古籍文献及历史传说，在我国大概有三种说法，即猿猴造酒、仪狄造酒和杜康造酒，其中仪狄造酒是最通行的说法。其他详细知识将在本书的第九章详细展开。

第一节　饮料分类

饮料一般可根据其是否含有酒精，分为含酒精饮料和无酒精饮料，无酒精饮料又称软饮料。

一、含酒精饮料

含酒精饮料品种琳琅满目，市面上的品牌也十分繁杂。我国现行的饮料酒分类标准（GB/T 17024—2008）将饮料酒分成三大类。这个标准基本延续了 1998 年版的分类规定，该分类标准的实施对饮料酒行业的发展发挥了重要的作用。[②]在此

---

① 黄文川，姚政权，任予连. 泛谈我国酒的起源与酒文化考古[J]. 农业考古，2008(4)：237-239.

② 马佩选，管锡建. 科学分类饮料酒促进行业发展[J]. 酿酒科技，2010(8)：117-119.

我们按照制造工艺将酒分为三类：酿造酒、蒸馏酒和配制酒。

（一）酿造酒

酿造酒是指制酒的原料经发酵后，在容器内经过一定时间的窖藏而产生的含酒精饮品。此类酒的酒精含量一般都不高，不超过 20%。这类酒主要包括葡萄酒、黄酒和啤酒。

葡萄酒主要以新鲜的葡萄为原料进行酿制而成。如果依据制造过程的不同，可以把葡萄酒分成一般葡萄酒、起泡葡萄酒、酒精强化葡萄酒和混合葡萄酒。一般葡萄酒就是我们最常见的红葡萄酒、白葡萄酒和桃红葡萄酒。起泡葡萄酒中以香槟酒最为著名，值得强调的是，只有法国香槟地区所生产的起泡葡萄酒才可以称为香槟酒，而世界上其他地区生产的就只能叫起泡葡萄酒。酒精强化葡萄酒的代表是雪利酒和波特酒，混合葡萄酒的代表有味美思等。

黄酒以大米、黍米、粟为原料，一般酒精含量为 14%~20%，属于低度酿造酒。黄酒的产地很广，品种也很多，著名的黄酒有山东即墨老酒、江西吉安固江冬酒、无锡惠泉酒、绍兴状元红、绍兴女儿红、张家港的沙洲优黄、吴江的吴宫老酒等。

啤酒是用麦芽、啤酒花、水和酵母发酵而产生的含酒精的饮品的总称。啤酒可以按发酵工艺分为底部发酵啤酒和顶部发酵啤酒。底部发酵啤酒包括黑啤酒、干啤酒、淡啤酒、窖啤酒和慕尼黑啤酒等十几种啤酒。顶部发酵啤酒包括淡色啤酒、苦啤酒、黑麦啤酒、苏格兰淡啤酒等十几种啤酒。

（二）蒸馏酒

蒸馏酒的制作大致为原材料的粉碎、发酵、蒸馏及陈酿四步，因其经过蒸馏进行提纯，所以酒精含量较高。按制酒原材料的不同，可将其分为：中国白酒、白兰地、杜松子酒、威士忌酒、伏特加、龙舌兰酒和朗姆酒。

中国白酒：一般以小麦、高粱、玉米为原料经发酵、蒸馏、陈酿制成。中国白酒品种繁多，并且有许多种分类方法。

白兰地酒：以水果为原材料制作的蒸馏酒。以葡萄为原材料制成的称为白兰地，以其他水果如苹果、樱桃为原材料制成的称为苹果白兰地、樱桃白兰地等。

杜松子酒：按其英文发音有时被称作金酒或琴酒，是一种加入香料的蒸馏酒。因为也存在用混合法制造的杜松子酒，所以有人把它列入配制酒中，本书将其列为蒸馏酒介绍。

威士忌酒：用预处理过的谷物制造的蒸馏酒。这些谷物以大麦、玉米、黑麦、小麦为主，或加入其他谷物，发酵和陈酿过程中的特殊工艺造就了威士忌酒的独特风味，它的陈酿过程通常是在烤焦的橡木桶中进行。不同国家和地区有不同的生产工艺，其中苏格兰、爱尔兰、加拿大和美国这四个地区的威士忌酒最具知名度。

伏特加：可以用任何可发酵的原料酿造，如马铃薯、大麦、黑麦、小麦、玉米、甜菜、葡萄甚至甘蔗。不具有明显的特性、香气和味道。

龙舌兰酒：以植物龙舌兰为原料酿制的蒸馏酒，是墨西哥的国酒。

朗姆酒：主要以甘蔗为原料，经发酵蒸馏制成。一般分为淡色朗姆酒、深色朗姆酒和芳香型朗姆酒。

（三）配制酒

配制酒是以酿造酒、蒸馏酒或食用酒精为酒基，加入各种天然或人造的原料，经特定的工艺处理后形成的具有特殊的色、香、味、型的调配酒。

中国有许多著名的配制酒，如虎骨酒、参茸酒、竹叶青等。

外国配制酒的种类同样繁多，有开胃酒、利口酒等。

二、不含酒精饮料

不含酒精饮料又叫软饮料。欧美国家对软饮料的定义为：人工配制的乙醇含量不超过 0.5%的饮料。

不含酒精饮料（软饮料）大致有以下几类。

（1）碳酸类饮料：是将二氧化碳气体和各种香料、水分、糖浆、色素等混合在一起而形成的起泡式饮料，如可乐等。主要成分包括：碳酸水、柠檬酸等酸性物质、白糖、香料，有些含有咖啡因。

（2）果蔬汁饮料：各种果汁、蔬菜汁、果蔬混合汁等。

（3）功能饮料：含各种营养元素的饮品，以满足人体特殊需求。

（4）茶类饮料：各种绿茶、红茶、花茶、乌龙茶、麦茶，以及凉茶和冰茶等饮品，有些饮料中含有柠檬成分。

（5）乳饮料：牛奶、酸奶、奶茶等以鲜乳或乳制品为原料的饮品。

（6）咖啡饮料：是含有咖啡的碳酸水或咖啡和其他水溶性物质混合而成的饮品。

第二节　酒 品 风 格

酒品风格，指酒品的色、香、味、体作用于人的感官，并给人留下的综合印象。不同的酒品，有不同的风格；同样的酒品，也有不同的风格。品评酒品风格时通常使用突出、显著、明显、不突出、不明显、一般等词语进行评价。

一、酒色

酒色，是指酒品的颜色。酒色具有多种表现形式，色泽纯正的酒品才是上乘佳品。观察、评价酒品的色泽是评酒的一个重要部分。酒色由多种因素作用形成，如原料、生产工艺、人工或非人工增色等。唐代诗人岑参在《虢州西亭陪端公宴集》一诗中写道："开瓶酒色嫩，踏地叶声干。"就有对酒色的评价。

例如，评价红酒的酒色可以用以下词汇。

琥珀色：评价葡萄酒所具有的类似琥珀的颜色。

清澈的：用于描述沉淀出其中的悬浮物质后变得澄清的葡萄酒。

暗淡的、沉滞的：这类葡萄酒中含有明显的胶状薄雾，但不存在肉眼可见的悬浮物质。

朦胧的：葡萄酒表现轻微的浑浊。

石榴石红：一些红葡萄酒经过陈酿后所具有的典型色泽，它类似于珍贵的石榴石的颜色。

金黄色：是品评某些白葡萄酒悦人心弦的颜色。

透明的、清楚的：用于评价没有悬浮物质的葡萄酒。

橙色色调：白葡萄酒由于反射阳光而呈现某种橙色的韵彩。

宝石红：一些葡萄酒所拥有的亮丽红色。

洋葱皮色：一些红葡萄酒在氧化过程中所产生的浅茶色。

淡色：颜色浅淡近乎桃红葡萄酒色的红葡萄酒。

浆状的、糊状的：用于描述某些颜色非常浓郁、富含干提取物的葡萄酒。

二、酒香

酒香是评价酒品时十分重要的部分，一般都以香气浓郁清雅来评价佳品。酒品的香气非常复杂，不同的酒品香气也各不相同，而且同一种酒品的香气也会出现各种各样的变化，在评价酒香时，常对其程度和特点进行评价。一般可以用芳香四溢、玫瑰芳香、馨香四溢、金桂飘香、香苦酸醇、油城墨香、稀香、丹桂飘香等词语来形容。

在评价酒香时需要使用以下形容香气不同的术语。

（1）酒品香气程度：无香气、似无香气、微有香气、香气不足、浮香、清雅、细腻、纯正、浓郁谐调、完满、芳香等。

（2）酒香释放情况：暴香、放香、喷香、入口香、回香、余香、绵长等。

（3）不正常气味：异气、臭气、焦煳气、金属气、腐败气、酸气、霉气等。

三、酒味

酒的味感是关系酒品优劣的最重要的品评标准。古今中外的名酒佳酿都具备优美的味道，令饮者赞叹不已、长饮不厌，甚至产生偏爱。唐代诗人杜甫有云，“人生几何春已夏，不放香醪如蜜甜”，体现了杜甫当时对甜味酒的偏爱。

酒的常规口感有酸、甜、苦、涩、辣等，不同的味道源于不同的化学物质。

1. 酸味

不同种类的酒的酸味来自不同的化学物质。白酒中所含的酸味物质极其丰富，主要为己酸、乙酸、乳酸和丁酸。啤酒中含酸类约 100 多种，适度的酸味及合理组成，使啤酒有协调、爽口的感觉。葡萄酒中的酸味来自于两部分，一部分来源于葡萄本身，如酒石酸（tartaric）、苹果酸（malic）和柠檬酸（citric）；另一部分则为酿造过程中产生的琥珀酸（succinic acid）、乳酸（lactic acid）和醋酸（acetic acid）等。黄酒中以乳酸、乙酸、琥珀酸等为主的有机酸达 10 多种。这种酸味主要来自米、曲及添加的浆水和醇醛氧化，但大都是在发酵过程中由酵母代谢产生的。其中以乙酸、丁酸等为主的挥发酸是导致醇厚感觉的主要物质，以琥珀酸、乳酸、酒石酸等为主的挥发酸是导致回味的主要物质。

2. 甜味

白酒中含甜味物质的元素较多，有乙醇、多元醇、氨基酸和双乙酰等。多元醇不但产生甜味，还能给酒体带来丰厚的醇和感，使白酒喝起来绵柔利口。而啤酒的原料里面有麦芽，麦芽含量多就会产生甜味。干型的葡萄酒一般没有甜味，半干型的葡萄酒有一点甜味，半甜型的葡萄酒比较甜。黄酒中含有米和麦曲经酶的水解所产生的以葡萄糖、麦芽糖等为主的糖类有八九种，另外还有发酵中产生的甜味氨基酸和 2、3-丁二醇、甘油以及发酵中遗留的糊精、多元醇等。这些物质都具有甜味，从而赋予了黄酒滋润、丰满、浓厚的内质，饮时有甜味和稠黏的感觉。

3. 苦味

白酒中苦味物质是发酵酵母时代谢的产物，主要来自高级醇、部分醛类、多酚物质和琥珀酸等。啤酒中的啤酒花使啤酒具有独特的苦味和香气，并有防腐和澄清麦芽汁的能力。葡萄酒中的苦味主要来源于酒中的单宁。单宁和口腔唾液中的蛋白质发生反应从而产生苦涩感。黄酒的苦味主要来自发酵过程中所产生的某些氨基酸、酪醇、甲硫基腺苷和胺类等。另外，糖色也会带来一定的焦苦味。恰到好处的苦味，使味感清爽，给酒带来一种特殊的风味。

4. 涩味

白酒中的涩味物质由醛类、乳酸、异丁醇、异戊醇和脂类等产生。啤酒的涩味主要来自啤酒中多酚及其氧化产物鞣酐，达到一定的集合度，超过它的阈值产生的。葡萄酒中的涩味还来自单宁。葡萄的皮和籽中含有大量单宁，它为葡萄酒带来了立体而富有层次的口感。黄酒的涩味主要由乳酸、酪氨酸、异丁醇和异戊醇等成分构成。适当的涩味，能使酒味有浓厚的柔和感。

5. 辣味

白酒中的辣味主要来自醛类、杂醇油、硫醇和阿魏酸等。普通啤酒是没有辣味的，辣味实际上并不是一种“味觉”，而是一种刺激（类似于灼烧感）。葡萄酒在发酵时如果感染了杂菌，会产生有害物质，葡萄酒口感就会表现为辣味或其他异味。黄酒中的辣味主要由酒精、高级醇及乙醛等成分构成，以酒精为主。适度的辛辣味，有增进食欲的作用。

6. 咸味

白酒和啤酒中若有咸味属非正常口味，因工艺处理不当而产生。咸味通常不是葡萄酒的主体味道，只有出产于一些极其特殊地块中的葡萄酿造的葡萄酒，有时会呈现出微微的“咸”感。这些咸味物质主要来源于葡萄原料、土壤以及工艺处理。

四、酒体

酒体是对酒品的色泽、香气、口味的综合评价，但不等于评价酒的风格。酒品的色、香、味溶解在水和酒精中，并和挥发物质、固态物质融合在一起，构成了酒品的整体。不论哪一款酒，其酒体风味设计尤为重要。酒体风味质量标准是根据产品风味特征形成规律和市场适应度所作出的质量要求，结合工艺技术水平设计出具有典型风味特征的酒类产品的生产全过程的技术标准[①]。在评价酒品的酒体时，常用酒体完满、酒体优雅、酒体娇嫩、酒体瘦弱、酒体粗劣等评述。

一般在形容葡萄酒时会经常用到酒体。英文词汇中，品评酒体用“body”表示，它专指酒液在舌面上令人感知的质量，也就是酒中单宁、糖分、酸度、甘油和干浸出物等物质结合起来在口中的分量，即质量、密度、浓稠度与饱满度给人带来的综合感知。在描述葡萄酒的酒体时，有专门的术语：酒体丰满、中等、轻盈。酒体丰满的葡萄酒大多口味浓重强烈，接近于品评牛奶的感觉；酒体轻盈的葡萄酒则清瘦柔和，接近于水在舌尖的感觉；中等酒体介于两者之间。

因为酒体是个模糊的、感性的概念，而不是一种具体的、可以精确衡量的实物，所以在现实世界里，葡萄酒的酒体从轻到重是一个连续的过渡过程，没有具体的分界线。例如，酒体中等偏高只是用来泛指一系列接近这个标准的葡萄酒。酒体轻盈的葡萄酒酒精度大多为 5.5%~9%，少数如产自德国摩泽尔的雷司令以及意大利阿斯蒂的微泡酒阿斯蒂莫斯卡托，以及澳大利亚猎人谷的赛美蓉和葡萄牙的绿酒，酒精度在 11%左右，酒体也很轻盈。多数酒精度为 12%~13.5%的葡萄酒酒体适中。

影响并决定葡萄酒酒体的主要因素有四个：酒精、浸渍物、酿酒葡萄品种、种植地区气候。

1. 酒精

酒精是首要的决定性因素，它决定了葡萄酒的黏稠度。葡萄酒的酒精度越高，黏稠度越高，品尝时酒体在舌面上的口感就越重，酒体就越丰满。酒精度高于 13.5%的葡萄酒，酒体一般较为丰满厚重。

2. 浸渍物

浸渍物是另一个影响酒体的关键因素。浸渍物大多是不易挥发的物质，如单宁、甘油、糖分和可溶性风味物质(如果胶、酚类、蛋白质等)以及酸度，前三种成分的含量越高，葡萄酒的酒体就越重。

---

① 徐占成，徐姿静. 酒体风味设计学技术[J]. 食品与发酵科技，2012，48(6)：12-16.

不过，酸度越高，葡萄酒的酒体就会显得越轻。因此，酸度高的葡萄酒通常酒体偏轻。然而也有一些例外，有些葡萄酒不仅酸度高，残留糖分含量也高，那它的酒体会依然显得丰满厚重而不是偏轻。

3. 酿造葡萄品种

酒体较轻的红葡萄酒是比较少见的，不过也存在酒体轻盈的基安帝、瓦波利切拉或黑皮诺等红葡萄酒。

酒体轻的红葡萄酒口感雅致，轻如薄纱，但是，这种雅致如果缺乏足够的风味，品味起来就容易让人觉得单薄如水。

酒体较轻的白葡萄酒有雷司令、长相思、灰皮诺和白诗南等，其中，雷司令的高糖分会增加葡萄酒的厚重感，所以酒体也会稍偏重。

霞多丽葡萄酒大多比长相思和雷司令葡萄酒的酒体丰满，是酒体较重的白葡萄酒的典型代表，但也受种植地区气候因素的影响。酿酒师在酿制霞多丽时，选择橡木桶发酵、熟化的工艺能够增加葡萄酒的酒体。

总体来说，红葡萄酒的酒体大多比白葡萄酒的酒体丰满。

4. 种植区气候

葡萄酒的酒体或风格是由多方面决定的，气候的影响也不可小觑。通常，在气候温暖的产区出产的葡萄成熟度高，所以该产区的葡萄酒的酒精度也较高，会令酒体增厚。反之，气候偏冷的产区出产的葡萄酒酒体就较轻。例如，一瓶纳帕谷产区的享受过充分阳光照射的赤霞珠，就要比来自气候凉爽的波尔多产区的赤霞珠的酒体更丰满；而在寒冷地区酿造的霞多丽葡萄酒口感爽脆清瘦，与在温暖地区用橡木桶酿造的霞多丽葡萄酒的厚重丰满截然不同。

值得强调的是，酒体是轻是重，与葡萄酒的品质并不直接相关，酒体丰满并不意味着酒质就高。一款葡萄酒只有酒体与风味、酸度、甜度和酒精度达到平衡状态，才称得上优质的葡萄酒。

第三节　酒 的 分 类

酒类的品种繁多，分类方法也各种各样。一般可以按酿造方法、酒度、原料来源、总含糖量、香型、色泽、曲种等进行分类。以下将简单地对几种方法进行介绍。

一、按照酒种分类

酒的种类包括白酒、啤酒、葡萄酒、黄酒、米酒、药酒等。

1. 白酒（蒸馏酒）

白酒是中国特有的一种蒸馏酒，以曲类、酒母为糖化发酵剂，利用淀粉质（糖质）为原料，经蒸煮、糖化、发酵、蒸馏、陈酿和勾兑酿制而成，又称烧酒、老白干、烧刀子等。酒质无色（或微黄）透明，气味芳香纯正，入口绵甜爽净，酒精含量较高。经储存老熟后，具有以酯类为主体的复合香味。

2. 啤酒

啤酒是人类饮用的最古老的酒精饮料，是继水和茶之后世界上消耗量排名第三的饮料。啤酒于 20 世纪初传入中国，属外来酒种。啤酒是以大麦芽、酒花、水为主要原料，经酵母发酵作用酿制而成的饱含二氧化碳的低酒精度酒。国际上的啤酒大部分均添加辅助原料。

3. 葡萄酒

葡萄酒是用新鲜的葡萄或葡萄汁经发酵酿成的酒精饮料,其酒精度高于啤酒而低于白酒。葡萄酒营养丰富，保健作用明显，能调整新陈代谢，促进血液循环，防止胆固醇增加。

4. 黄酒

黄酒是中国汉族特产的酒，属于酿造酒，在世界三大酿造酒（黄酒、葡萄酒和啤酒）中占有重要的地位。黄酒是一种以稻米为原料酿制成的粮食酒，其酿酒技术独树一帜，是东方酿造界的典型代表。其中以浙江绍兴黄酒为代表的麦曲稻米酒是历史最悠久、最有代表性的黄酒。山东即墨老酒是北方粟米黄酒的代表，福建龙岩沉缸酒、福建老酒则是红曲稻米黄酒的典型代表。不同于白酒，黄酒没有经过蒸馏，所以其酒精含量低于 20%。不同种类的黄酒呈现出米色、黄褐色或红棕色等不同颜色。

5. 米酒

米酒，又叫酒酿、甜酒，古人称之为醴，用糯米酿制，是中国汉族和大多数少数民族传统的特产酒。在南方，米酒是一种常见的传统风味小吃，其主要原料是江米，所以也叫江米酒。在北方，酒酿一般被称为米酒或甜酒。其酿制工艺简单，口味香甜醇美，含酒精量极低，因此深受人们的喜爱。我国用优质糙糯米酿米酒已经有上千年的悠久历史。现如今，大多数米酒采用工业化方式来生产。

6. 药酒

药酒，素有“百药之长”之称。将强身健体的中药与酒“溶”于一体的药酒，配制方便、药性稳定、安全有效。因为酒精是一种良好的有机溶剂，中药的各种有效成分都易溶于其中，药借酒力、酒助药势，两者相辅相成，提高疗效。

二、按照酿造方法分类

1. 酿造酒

酿造酒又称发酵酒、原汁酒，是利用酵母把淀粉或糖质原料进行发酵，产生酒精从而形成的酒。其生产过程包括糖化、发酵、过滤、杀菌等。世界三大酿造酒有黄酒、葡萄酒和啤酒，日本清酒也属于酿造酒。

2. 蒸馏酒

蒸馏酒的原料一般富含天然糖分或淀粉等物质，如蜂蜜、甘蔗、甜菜、水果、玉米、高粱、稻米、麦类、马铃薯等。糖和淀粉经酵母发酵后产生酒精，利用酒精的沸点（78℃）和水的沸点（100℃）之间的差异，用蒸馏的方法就可从中蒸出并收集到酒精成分和香味物质。

3. 配制酒

配制酒又称调制酒，不专属于某个酒的类别，是混合的酒品。配制酒主要有两种配制工艺：一种是在酒和酒之间进行勾兑配制，另一种是将酒和非酒精物质（包括液体、固体和气体）进行勾调配制。配制酒的酒基可以是原汁酒，也可以是蒸馏酒，还可以两者兼而用之。如中国的药酒、滋补酒，西方的鸡尾酒都属于配制酒。

三、按照酒精浓度分类

任何含有糖分的液体，经过发酵便会产生醇。醇包括甲醇、乙醇等几种，甲醇有毒性，饮用后会中毒；乙醇无毒性，能刺激人的神经和血液循环，但过量饮用也会引起中毒。酒类的主要成分是乙醇，俗称酒精，是一种无色透明、气味飘逸的易燃、易挥发液体，其沸点为78℃，冰点为–114℃。

酒瓶上标示的酒精浓度表示酒中含乙醇的体积百分比，通常以20℃时的体积百分比表示。依照酒精浓度的不同将酒分为高度酒、中度酒和低度酒三类。

1. 高度酒

高度酒是指40度以上的酒，如高度白酒、白兰地和伏特加。

1）高度白酒

酒度在40度以上，多在55度以上，一般不超过65度。优质白酒（一般都在40度以上）必须有适当的储存期，泸型酒至少需要储存3~6个月，多在一年以上；汾型酒储存期为一年左右；茅型酒要求储存3年以上。

2）白兰地

世界上生产白兰地的国家很多，但以法国出品的白兰地最为著名。白兰地也是高度酒的代表，酒度为40~43度（勾兑的白兰地酒在国际上的标准是42~43度），色泽金黄晶亮，口感柔和，味道纯正，富有吸引力。

3）伏特加

伏特加是俄罗斯的传统酒精饮料，经过蒸馏制成高达95度的酒精，再用蒸馏水淡化至40~60度，并经过活性炭过滤，使酒质更加晶莹澄澈，无色且清淡爽口，使人感到不甜、不苦、不涩，形成伏特加酒独具一格的特色。因为伏特加酒是最具有灵活性、适应性和变通性的一种酒，所以，非常适合作为调制鸡尾酒的基酒。

2. 中度酒

中度酒是指酒度为20~40度的酒。饮料酒的低度化是全球性的发展趋势，它也促进了中度酒的生产。像法国白兰地的一些酒商，就在中国推出了酒度为30度的产品。值得一提的是，有些低度的酿造酒也会被加烈变成中度酒，比如一些葡萄酒，在其生产过程中添加了少量食用酒精或白兰地，使成品酒的酒度达到20度左右，可以称其为加烈葡萄酒。

3. 低度酒

低度酒是指酒度在20度以下的酒，如啤酒、黄酒、葡萄酒和日本清酒等。

这里需要说明的是，啤酒的度数并不表示其乙醇的含量，而是表示啤酒麦芽汁的浓度。以12度的啤酒为例，其度数是指麦芽汁发酵前浸出物的浓度为12%（重量比）。麦芽汁中的浸出物是多种成分的混合物，以麦芽糖为主，啤酒的酒精是由麦芽糖转化而来的。由此可知，啤酒的酒度低于12度。如常见的浅色啤酒酒精含量为3%~3.8%，浓色啤酒酒精含量为4%~5%。一般来说，葡萄酒的酒精含量大都为 8%~15%，它主要由葡萄果实中的含糖量决定。虽然葡萄酒的发酵是很复杂的化学反应过程，但是其中最主要的化学变化是糖在酵母菌的作用下转化为酒精和二氧化碳。其发酵过程可以简单表示为：葡萄中的糖分+酵母菌→酒精+二氧化碳+热量。因此葡萄的含糖量高，转化出的酒度相应就高，而葡萄本身含糖量低，则转化出的酒度就低。

日本清酒虽然在制作方法上借鉴了中国黄酒的酿造法，但与中国的黄酒有很大区别。清酒色泽呈淡黄色或无色，清亮透明，芳香宜人，口味纯正，绵柔爽口，其酸、甜、苦、涩、辣诸味协调，酒精含量在 15%以上，含多种氨基酸、维生素，是一种营养丰富的酒。

四、按照饮用时间分类

不同的酒种适合在不同时间饮用，按照饮用时间将其进行分类，分为开胃酒、佐餐酒、利口酒。

1. 开胃酒

开胃酒又称餐前酒。在餐前饮用能够刺激胃口、增加食欲。开胃酒主要是以葡萄酒或蒸馏酒为酒基，加入植物的根、茎、叶、药材、香料等配制而成的调配酒。常见的开胃酒有味美思、比特酒和茴香酒。

（1）味美思

味美思是以葡萄酒为基酒，加入植物、药材等物质浸制而成的，酒度在 18 度左右。最好的味美思是法国和意大利生产的，几乎所有酒吧用的味美思都是这两个国家生产的。味美思分为特干（extra dry）、干（dry）、甜（sweet）几种，主要是根据酒中含糖分的多少来区分。通常干是指含糖分极少或不含糖分，甜则是指含糖分较多。从颜色上分又有白和红两种，通常干味美思是无色透明或浅黄色的，甜味美思是红色或玫瑰红的。

（2）比特酒

比特酒也称必打士，是由葡萄酒或某些蒸馏酒加入植物根茎和药材配制而成的，酒度在 16~40 度，味道苦涩。

（3）茴香酒

茴香酒是用蒸馏酒与茴香油配制而成的，口味香浓刺激，分染色和无色两种，一般有明亮的光泽，酒度约为 25 度，流行于北非及地中海沿岸。往透明的茴香酒中倒入水或冰块，1 秒之内酒液便混浊起来，变成乳白色的悬浊酒，尤其奇妙的是，茴香精油的烯物质被稀释后会出现白色结晶。茴香酒的口味像八角卤水的味道，一开始接触可能会稍感不适，但是茴香酒爱好者着实对这种奇特的味道上瘾。

2. 佐餐酒

佐餐酒是在进餐时饮的酒，通常为葡萄酒。佐餐酒或低度葡萄酒是一种发酵的葡萄汁，其酒精含量相比于常见的葡萄酒酒精含量较低，而且，佐餐酒不起泡。根据美国的标准，佐餐酒的酒精含量不高于 14%，而在欧洲，低度葡萄酒的酒精含量是 8.5%~14%。如果葡萄酒的酒精含量不高于 14%，并且未含有气泡，那么它就属于佐餐酒或低度酒。

为什么以14%为界限?

14%这个数字并不是随意确定的。在历史上，大多数葡萄酒的酒精含量都低于 14%：一是因为葡萄汁中的糖分不足以产生更高的酒精度；二是因为当酒精含量达到 14%时，酵母便相继死去，直至死光，从而终止发酵。所以这个数字也因此成了不加酒精的葡萄酒（佐餐酒）和加酒精的葡萄酒的界限。

常见的佐餐酒通常为红、白葡萄酒和香槟，因其口感丰富，可以搭配的食物种类相当广泛，所以适合伴随正餐饮用。从健康的角度讲，葡萄酒中的酸和涩可以去除口中过多的脂肪，让口感更加清爽干净，开胃健脾。

3. 利口酒

利口酒，也称餐后酒，通常是以蒸馏酒（白兰地、威士忌、朗姆酒、金酒、伏特加）为基酒配制各种调香物品，经过甜化处理的酒精饮料。类似中国餐后饮茶的习惯，西方人有喝餐后酒的习惯，餐后酒的种类主要是白兰地和利口酒。其中，利口酒属于一种烈性酒，其风味是由加入的香料决定的。制作方法主要有两种：一种方法是将风味料浸泡在烈性酒中，另一种方法是加入香料后进行蒸馏。两种方法都要加入糖浆作为甜味剂，所以利口酒都是甜酒。

多数利口酒都具有高度或中度的酒精含量，颜色娇美，气味芬芳独特，酒味甜蜜。因含糖量高，相对密度较大，色彩鲜明亮丽，所以常用以增加鸡尾酒的颜色和香味，是制作彩虹酒不可缺少的材料。

五、按照原料分类

用于制造酒的原料有很多，可以将酒按照原料分为水果酒和粮食酒。

1. 水果酒

水果酒是水果本身的糖分经酵母菌发酵后成为酒精的酒，含有水果的风味与酒精，也叫果子酒。民间的许多家庭常会自酿一些水果酒来饮用，如自制的李子酒、葡萄酒等。水果的表皮上通常都存在一些野生的酵母，所以制作水果酒时不需要额外添加酵母也会发酵。但民间传统做酒的方法往往费时费力，也容易被污染，所以外加一些活性酵母是快速酿造水果酒的理想方法。

水果酒中虽然含有酒精，但是一般为 5~10 度，最高的也只有 14 度，与其他酒类相比度数相当低。如今，国内市场上出现了越来越多的水果酒，如枸杞酒、青梅酒等。营养学家指出，与白酒、啤酒相比，水果酒的营养价值更高，对健康的好处也更胜一筹，因此，可以当作饭后或睡前的饮料来喝。

日本弘前大学农学生命科学部的长田教授指出，简单来说，水果酒就是汲取了水果中的全部营养而做成的酒，水果酒中含有丰富的维生素和人体所需的氨基酸。在制作水果酒时，水果中的营养成分绝大多数会溶解在水果酒里，所以，有些水果所含有的营养不能直接通过生食来获取，却可以通过饮用水果酒来获取。除了营养物质，水果酒里还含有大量的多酚，在人体中可以起到抑制脂肪堆积的作用。此外，与其他酒类相比，水果酒对于护理心脏、调节女性情绪有着更为明显的作用。

2. 粮食酒

粮食类酒水主要有啤酒、米酒以及中国白酒。

中国白酒是粮食类酒中独具一格的酒类，它是由麦黍、高粱、玉米、红薯、米糠等粮食发酵、曲酿、蒸馏而成的一种饮料。其酒液无色透明，故称为白酒。纯粮白酒是一种高浓度的酒精饮料，根据所用糖化、发酵菌种和酿造工艺的不同，它可分为大曲酒、小曲酒、麸曲酒三大类，其中麸曲酒又可分为固态发酵酒与液态发酵酒两种。纯粮白酒不同于黄酒、啤酒和水果酒，除了含有极少量的钠、铜、锌，几乎不含维生素和钙、磷、铁等，所含有的仅是水和乙醇(酒精)。白酒有活血通脉、助药力、增进食欲、消除疲劳、陶冶情操、御寒提神等功效。饮用少量低度白酒可以扩张心脑血管，促进血液循环，以延缓胆固醇等脂质在血管壁的沉积，对循环系统及心脑血管有利。

第二章

茶

第一节　茶叶概述

茶是世界三大无酒精饮料（茶叶、可可、咖啡）之一。世界上最早发现茶树和利用茶叶的国家是中国，因为最初世界各国的饮茶习惯和茶叶生产技术都是直接或间接从中国传入的，所以中国有“茶的故乡”的美誉。

一、茶的起源

茶树起源于什么时候？植物学家按植物分类学方法来追本溯源，经过一系列分析研究，最终得出茶树至今已有6000万~7000万年的历史了。

从1824年印度发现野生茶树以来，就有国外学者对中国是茶树原产地这一说法提出异议。然而早在公元200年左右，野生大茶树就在《尔雅》中被提及，查阅现今资料可知，我国在10个省区的198处发现了野生大茶树，其中云南的一株茶树，已有1700年左右的树龄，仅在云南省内就有十多株树干直径超过一米的茶树。有的地区甚至有数千亩的野生茶树群落。我国已发现的野生大茶树，时间之早、树体之大、数量之多、分布之广、性状之异都堪称世界之最。此外，经过考证，印度发现的野生茶树为从中国引入印度的茶树，同属中国茶树的变种。因此，可证明中国是茶树的原产地。

近几十年来，茶学和植物学研究相结合，进一步从三个方面证明了茶树原产地是中国西南地区。

1. 从茶树的自然分布来看

目前全世界共发现380余种茶树，其中有260余种属于我国，且大部分分布在云南、贵州、四川一带。其中，分布在云贵高原的就有60多种，那里占最重要地位的植物就是茶树。从植物学角度来看，其起源中心在某一个地区集中，即表明该地区是这一植物区系的发源中心。我国西南地区高度集中地分布着各种茶树，说明该地区为茶的发源地。

2. 从地质变迁来看

西南地区群山起伏、河谷纵横交错、地形变化多端的特征，使之形成许许多多的小地貌区和小气候区。因而在纬度高低和海拔高低悬殊的情况下，形成了气候差异大的特点，使原来生长在这里的茶树慢慢分置在热带、亚热带和温带这些不同的气候区域中，从而导致茶树种类变异，变成了热带型和亚热带型的大叶种和中叶种茶树，以及温带的中叶种和小叶种茶树。植物学家认为，某种物种变异最多的地方就是该物种起源的中心地。而我国西南三省是我国茶树变异最多、资源最丰富的地方，则可证明其为茶树发源的中心地。

3. 从茶树的进化类型来看

茶树一直在不断地进化，因此，凡是原始型茶树比较集中的地区，即为茶树的原产地。我国西南三省及其毗邻地区的野生大茶树，具有原始茶树的形态特征和生化特性，我国西南地区是茶树原产地的中心地带也因此得以证明。

二、茶的传播

（一）茶在国内的传播

我国是茶树的原产地，茶被誉为我国的国饮。从神农氏发现茶叶可以饮用以来，各个地方开始流行茶饮。《华阳国志》中有最早关于茶的文字记载：在周武王伐纣时，巴国就已经把茶连同其他珍贵产品纳贡与周武王了，而且，那时已经出现了人工栽培的茶园。

现代绝大多数研究学者认为，世界范围内关于茶叶的饮用及茶文化均发源于我国巴蜀地区。我国早期茶业离不开巴蜀茶业的影响，从西汉王褒所著的《僮约》中可知一二，其中有这样的记载：脍鱼炰鳖，烹茶尽具；牵犬贩鹅，武阳买茶。由此可知，西汉时期，四川地区不仅饮茶成风，而且出现了专门的饮茶用具，是全世界最早种茶与饮茶的地区，茶叶也已经商品化，当时茶叶主产区和著名的茶叶市场位于武阳。《僮约》被视为我国，甚至是全世界最早的关于饮茶、买茶和种茶的记载。

随着秦朝统一中国，各地区加强了经济文化交流，茶叶也因此在全国各地流通起来。以巴蜀为中心，茶叶以向东向南的趋势逐步传播，其他地区的茶业逐渐兴盛起来。如西汉时湖南设置的茶陵县，便是以茶命名。在西晋时期，长江中游及华中地区的茶业迅速发展，我国的茶业中心伴随其他地区茶业的发展，已经从巴蜀地区转向华中地区。三国时，南方栽种茶树的规模和范围有很大的发展，而此时，饮茶也在北方高门豪族中流行。西晋南渡的同时，饮茶风尚传入南方，客观上促进了茶业向我国东南方推进。据《桐君录》记载："西阳，武昌，晋陵皆出好茗"，表明东晋和南朝时，宜兴地区的茶业得到了一定程度的发展。

唐代是茶发展的鼎盛时期，全民形成了饮茶的风尚，许多地区都嗜茶成俗，史籍中也有"茶兴于唐"的记载。原本对饮茶不屑一顾的北方百姓，将茶鄙称为"水厄"，直到唐代，饮茶才逐渐被北方百姓接受。公元641年，文成公主入藏，将产于四川一带的蒙顶贡茶传入西藏，自此开创西藏饮茶的先河。朝廷贡茶的出现是唐朝茶业兴盛的一个重要表现，也是当时制茶技术达到顶峰的重要标志。唐朝出现了茶文化，当时茶文化的集大成之作是茶圣陆羽所作的《茶经》。作为茶文化的鼻祖，现今陆羽公园仍在竟陵西湖上，其中展示了许多珍品，展现出唐茶业的繁荣景象。

宋朝时期，全国气候由暖转寒，茶业的重心也因此随之南移，闽南与岭南一带的茶业开始活跃起来。欧阳修说"建安三千里，京师三月尝新茶"，更是佐证了福建茶叶作为贡茶的崛起与发展。宋代已有相当完善的发展，与现今的大致相符，茶叶真正地变成了中国人的日常饮品。当时以茶款客的礼仪已经出现，历史上也有了"茶兴于唐而盛于宋"的说法。

唐宋时期，我国基本完成了茶的传播，而之后的时代基本上就是茶叶制法与茶文化的变革。

（二）茶在国外的传播

自明朝以来，中国茶开始向国外传播。为了方便海上贸易的管理，朝廷专门在沿海港口设置了市舶司，主管各种对外贸易，其中占很大比例的便是茶叶的出口。明朝万历三十五年（1607 年），荷兰人将茶从澳门运到欧洲。此后饮茶之风蔓延到欧美国家，但是因为数量稀少且价格昂贵，茶叶在当时被当作奢侈品。后来，我国逐渐增多了茶叶输出，价格才有所下降，成为平民百姓的日常饮品，英国成为世界上最大的茶叶消耗国。

1780 年，美国人与荷兰人开始将茶从中国转运到印度种植。阿萨姆于 1835 年从中国引进茶种开始种茶，成为印度最有名的红茶产地。后来中国茶叶专家亲自前往 印度教授种茶制茶方法，印度茶业开始出现蓬勃发展的局面，红茶成为一种全球性的饮料。

中国茶向世界传播，主要依托以下四种方式。

（1）通过来华学佛的僧侣和遣唐使将茶叶带回本国，如805年日本高僧最澄从天台山将茶籽引到日本种植。

（2）通过古商路，以经贸的方式传到国外，如唐代京城长安与回纥进行的茶马交易。

（3）通过派出的使节，将茶作为贵重礼物，馈赠给出使国，如1618年，中国公使向俄国沙皇赠茶。

（4）以专家身份应邀到国外发展茶业生产，如清末时，宁波茶厂厂长刘峻周带技工去格鲁吉亚种茶。

依托以上四种方式，中国主要经由两条路线向外传播茶文化，即陆路传播路线和海路传播路线。

三、茶的发展

唐朝陆羽在《茶经》中提道："茶之为饮，发乎神农氏。"在中国的文化发展史上，一切与农业、植物相关的事物起源往往都被归结于神农氏。传说神农在野外用釜锅煮水时，刚好有几片叶子飘进锅中，煮好的水，其色微黄，喝入口中生津止渴、提神醒脑，神农凭过去尝百草的经验，判断出它是一种药，茶也因此被发现。

西周时期，茶叶已经作为贡品献给帝王。而在东周，茶已经可以做成美味佳肴。《晏子春秋》中就有"食脱粟之饭，炙三弋、五卵、茗菜而已"的记载。在春秋战国时期，我国经过几次大规模战争，人口大迁徙，各地的货物交换和经济文化交流迅速增加。陕西、河南等地因此引入了巴蜀地区的茶树栽培和制作技术，分别成为我国最古老的北方茶区之一。

在汉代，佛教由西域传入我国。佛教提倡坐禅，而茶有振奋精神的功效，刚好满足了佛教坐禅的需求。因此各个佛院古刹普遍种植茶树，逐渐兴起了饮茶之风。在我国，许多知名茶叶最初是种植在寺院里的，如黄山毛顶、庐山云雾、武夷岩茶、罗汉贡、感通茶等。由此可见，茶叶的发展与寺院的发展联系密切，佛教的发展在一定程度上促进了茶叶的发展。不过当时茶叶并不普及，只是上层统治阶级独有的饮品。

到了唐朝，茶叶才真正普及。随着茶叶商品化程度的提高、产量的不断增加，茶叶不仅仅作为上层统治阶级的消耗品，还逐渐走入寻常百姓家，成为我国国饮，茶文化由此衍生。陆羽把对茶相关的经验与文人墨客的思想结合在一起写成了《茶经》，此书后来成为中国茶文化的理论基础，而后宋徽宗也作《大观花开》，更是对茶文化的发展与传播做出重大贡献。

元朝时期利用水利带动茶磨椎具碎茶，首创机械制茶方法。这不仅提高了茶叶的产量与质量，还节省了许多人力物力。元曲中“坐烧丹忘记春秋……淡饭一杯茶去”，可见避世隐居的寄情山水之趣，茶、饭并列的普遍。

我国古代制茶发展最快、成就最大的时期是明代。明太祖时设茶司马一职，专门管理茶叶贸易。明太祖朱元璋废团茶兴叶茶，对炒青叶茶的发展起了重要的作用。另外，也有了对茶叶外形美观的要求，饮茶方式也由煮茶变为泡茶。此时茶肆的经营已很普遍，民间品茶的活动由户内转向户外，且时常举行点茶、斗茶之会，相互比拼技术，一时成为风尚。

由于清朝时期内忧外患，文人谈及茶茗者较少，茶肆也更加少见，而在达官贵人间，竟然出现了端茶送客的陋规。即当宾主言谈并不融洽时，主人会令仆人献茶，这等于下逐客令，这和从前客来烹茶、敲冰煮茗、以茶待客的情况简直不可同日而语。但是清朝时期我国的茶叶出口达到了顶峰，中国茶在世界各地大放异彩。

民国后，饮茶被蒙上浓厚的商业气息。各地茶肆各有特色，如兼营浴池生意的福州茶馆，说书的贵州茶馆，道情的江西茶馆，颇有帝王气势的北平茶坊。此外，四川茶馆花样最多，气象万千，饶富趣味；广东茶馆的工夫泡法等颇具地方色彩又蕴含特殊风味。

现如今，茶已经发展成为世界三大无酒精饮料之一。我国作为茶叶的发源地，除了江南茶区、江北茶区、华南茶区、西南茶区这四大传统茶区之外，甘肃、山东等茶区开始崛起，茶叶种植在我国蓬勃发展。

四、饮茶方式的变迁

春秋以前，茶叶最初作为药而受到关注。古人直接含嚼茶树鲜叶而感到芬芳、清口，并伴随收敛性快感，久而久之，含嚼茶树鲜叶成为人们的一种嗜好，该阶段成为茶作为饮料的前奏。

随着人类生活的发展，人们的习惯由生嚼茶叶转变为煎服。即鲜叶洗净后，放在陶罐中加水煮熟，连汤带叶服用。茶通过煎煮，虽苦涩，但是滋味浓郁，风味与功效均胜几筹。时间久了，煮煎品饮的习惯自然养成，这是茶作为饮料的开端。

秦汉时期，已经开始出现对茶叶简单加工的步骤。用木棒将鲜叶捣成饼状茶团，晒干或烘干后存放，饮用时，先将捣碎的茶团放入壶中，注入开水并加入葱、姜和橘子调味。

隋唐时，茶叶多加工成饼状。饮用时，加调味品烹煮汤饮。随着茶事的兴旺，贡茶的品种越来越多，茶叶栽培和加工技术进一步发展，许多名茶涌现出来，品茶之法也有了较大改进。尤其到了唐代，饮茶蔚然成风，饮茶方式进步较大。此时，为改善茶叶的苦涩，开始加入薄荷、盐、红枣调味。此外，专门的烹茶器具已被使用，论茶的专著也已出现。对茶和水的选择、烹煮方式以及饮茶环境和茶的质量也越来越讲究，茶道逐渐形成。

在宋代，制茶方法的改变给饮茶方式带来了深远影响。宋代茶叶多制成茶团、茶饼，饮用时碾碎，加调味品烹煮。随着茶品的日益丰富和品茶的日益考究，茶叶原有的色香味被重视起来，调味品逐渐减少。同时用蒸青法制成的散茶出现，且不断增多，茶类生产由团饼为主转为以散茶为主。

明代后，由于制茶工艺的革新，团茶、饼茶多被散茶取代，烹茶方式由原来的煎煮为主逐渐发展为冲泡为主。

明清之后，茶类的不断增加使饮茶方式出现了以下两大特点。

（1）品茶方法日渐完善而讲究。要用开水先洗涤茶壶茶杯，干布擦干，倒掉茶渣，再斟入水。器皿也“以紫砂为上，盖不夺香，又无熟汤气”。

（2）六大茶类出现，随茶类的不同，品饮方式也有了很大变化。如两广喜好红茶，福建多饮乌龙茶，江浙则好绿茶，北方人喜花茶或绿茶，边疆少数民族多用黑茶、砖茶。

如今，现代生活节奏加快，茶也出现了变体，如速溶茶、冰茶、液体茶以及各类袋泡茶，现代文化务实的精髓也随之充分体现。虽不能称为品，却不能否认这是茶的发展趋势之一。

五、茶的效用

在中国古代，人们便已认识到“诸药为各病之药，而茶为万病之药”。如今，这一点被现代医学证明。现代医学的自由基学说认为：人体的许多疾病皆因人体内的自由基积累过多，自由基被称为人体垃圾，而茶的重要成分——茶多酚可与人体内的自由基结合，从而将垃圾排出体外。由此可见，茶对人有着显而易见的益处。

（1）饮茶健美。饮茶不仅能解决脂肪乳化的问题，提高脂肪分解的速度，解除肥胖者的烦恼，肌肉和皮肤的弹性还能被茶中丰富的维生素改善，抑制色斑的形成，使容颜增光。

（2）提神解闷。茶叶中含有的咖啡因能使中枢神经兴奋，刺激大脑皮层，从而振奋神经，集中注意力。

（3）健胃助消化。茶叶中的茶多酚、咖啡因、维生素 B 族等有促进胃液分泌的作用，能提高消化酶的活性，清除胃胀不适。

（4）防止动脉硬化。茶叶能降血脂、降胆固醇，乌龙茶对抗血凝溶栓的作用尤为明显，能有效降低血管壁脆性、降低血液黏稠度、增加血液流速并无副作用，是活血化瘀的良药。

（5）消炎解毒。在我国民间，很早就有人利用茶叶治疗痢疾，它的杀菌效果与黄连不相上下。茶叶中的天然抗氧化剂、沉淀剂、大量的还原性物质能沉淀重金属和某些生物碱，是解决慢性中毒行之有效的方法。

（6）防蛀健齿。氟是人尽皆知的护齿防蛀元素，而茶又是含氟较高的饮料。

（7）疏肝明目。茶叶中富含的维生素 A 是形成视网膜的重要物质，除此之外，维生素 B_1 和 B_2、维生素 C 都是视神经、血管、晶状体的必要营养成分。茶利尿，排尿是中药的清热解毒过程，肝脏将有毒物质代谢后排出体外，能使血液和脏腑精气纯净。

（8）喝茶抗癌。茶叶中的茶多酚和各类维生素，能有效防止细胞的恶性突变，致癌物质亚硝酸胺的形成可被其中的维生素 C、维生素 E 抑制。绿茶可以治疗黄曲霉素对肝脏的伤害，龙井茶有明显的防癌效果。

第二节　茶叶的制备

一、茶叶制备发展史

自茶被人们发现和利用至今，经历了咀嚼鲜叶、生煮羹饮、晒干收藏、蒸青做饼、炒青散茶，乃至白茶、黄茶、黑茶、乌龙茶、红茶等多种茶类的发展过程。

1. 采食茶树鲜叶

中国发现和利用茶树，如果从神农时代算起，至今已有 4000 多年的历史。神农尝百草的传说广为流传，在《神农本草经》《史记・三皇本纪》《淮南子・修务训》《本草衍义》等书中均有记载，“日遇七十二毒，得茶而解”。可见，采食鲜叶是最初的利用。

2. 从生煮羹饮到晒干收藏

茶被应用，开始于咀嚼茶树鲜叶，接着发展为类似现代煮菜汤的生煮羹饮。茶作羹饮，在《晋书》中有记："吴人采茶煮之，曰茗粥。"唐代诗人储光羲当时在友人家里做客，作了一首盛夏吃茗粥的诗："当昼暑气盛，鸟雀静不飞。念君高梧阴，复解山中衣。数片远云度，曾不蔽炎晖。淹留膳茶粥，共我饭蕨薇。"说明饮用茗粥的习俗在唐代仍被保留。

3. 从蒸青团茶到龙凤团饼

三国时代，人们饮用的茶已为饼茶。到了唐代，逐渐完善了制法。由于采摘的茶叶基本上没有经过处理，早期制成的茶饼有很浓的青草气，为去掉青草气的蒸青制茶法由此创造。陆羽《茶经·三之造》记述："晴，采之，蒸之，捣之，拍之，焙之，穿之，封之，茶干矣。"唐代饼茶中间有孔可串穿，有大有小。宋代出现研膏茶、蜡面茶，之后在团饼茶表面有了龙凤之类的纹饰，称为龙凤团饼。

4. 从团饼茶到散夜茶

陆羽在《茶经》中提道："饮有粗茶、散茶、末茶、饼茶者"，说明唐代有粗茶、散茶、末茶、饼茶。到了宋代，饼茶与散茶均有生产。《宋史·食货志》中记载："茶有两类，曰片茶，曰散茶"，片茶即饼茶，散茶即芽叶散茶。到明代，散茶生产更为普遍，明太祖朱元璋为顺应潮流，也下达了改贡芽茶的诏令。

5. 从蒸青到炒青

唐宋时代以蒸青茶为主，但炒青茶技术也开始萌发。到了明代，炒青制法日趋完善。至于"炒青"茶名，早在宋代陆游诗中就有"日铸则越茶矣，不团不饼，而曰炒青"的记述。

6. 从绿茶发展至其他茶

绿茶经杀青、揉捻、干燥制成，清汤绿叶。起初炒制不当的茶叶焖黄后就变成黄汤黄叶被废掉，后来黄汤黄叶的茶叶也被认为别具一格，就采取有意焖黄的做法制成了黄茶。

茸毛特多的茶树芽叶经晒干或烘干后，表面的白色茸毛使茶叶呈白色，形成白茶。

经泼水堆积发酵制成的绿茶，茶叶发黑，形成了黑茶。明代黑茶的制造已相当普遍，品质是在“船舱中、马背上”形成的。唐宋以来，蒸青团饼茶在长途运输至边远地区时，茶叶受潮，内含化学成分发生变化，逐步形成与绿茶完全不同的香味，随着消费习惯的形成，这一特殊的香味也逐步被人们接受并固定下来。

茶鲜叶采用日晒代替杀青，揉捻后发酵变红而形成红茶。从福建崇安星村演变而来的小种红茶是最早的红茶。红茶之风盛行于清代，1850 年（道光末）以前，红茶生产就开始了。星村镇的红茶是“正山小种”，此外还有“外山小种”，此后演变成工夫红茶。1876 年，在福建罢官的余干臣把福建红茶的制法带回安徽，最早的祁门工夫红茶由此产生。

乌龙茶是从宋代的龙凤团茶演变而来的，但在明代末期，与现行乌龙茶采制方法相当的乌龙茶才开始出现。

7. 从素茶到花香茶

早在宋代就有添加龙脑的加香茶，也有用茉莉花焙制的花茶。龙脑是一种产于闽光一带的常绿乔木，它香芬浓郁的花果和树干中的树膏在花果表层结成一种莹白如冰的结晶体，俗称冰片。明代的钱椿年在其著作《茶谱》中记述：“木樨、茉莉、玫瑰、蔷薇、兰蕙、橘花、栀子、木香、梅花皆可做茶”，“花多则太香而脱茶韵，花少则不香而不尽美”。

二、茶叶制备流程

1. 绿茶加工

绿茶为不发酵茶，是我国茶叶中产量最多的品种，全国 19 个产茶省（区）都生产绿茶。

绿茶的基本工艺流程为杀青、揉捻、干燥。

杀青方式有锅炒杀青和热蒸汽杀青。干燥与最终干燥方式有炒干、烘干和晒干之别。炒青是炒干的，烘青是烘干的，晒青是晒干的。细嫩的名优绿茶因在制造过程中采取不同的造型方式（手法）形成了千姿百态的外形：有压扁的，有搓条成针的，有团揉成球的，有抓拍成片的，有搓揉卷曲的，有结扎成花的，等等。

2. 红茶加工

红茶是全发酵茶，关键的工艺是揉捻后发酵使叶子变红。中国红茶分小种红茶、工夫红茶和红碎茶三类。小种红茶制造中用松柴烟熏烘干作为最后干燥，因此松烟香味明显。

小种红茶的基本工艺流程为：萎凋、揉捻、发酵、烟熏烘干。

工夫红茶制造中讲究适度发酵、文火慢烤烘干，具有特殊高香的祁门工夫红茶就是如此。

工夫红茶的基本工艺流程为：萎凋、揉捻、发酵、毛火烘焙、足火、烘干。

红碎茶制造中采用揉切设备切成颗粒形小碎片，讲究发酵适度与及时烘干。

红碎茶的基本工艺流程为：萎凋、揉切、发酵、烘干。

3. 乌龙茶加工

乌龙茶是介于绿茶（不发酵茶）和红茶（全发酵茶）之间的半发酵茶。乌龙茶有条形茶和半球形茶两类，半球形茶需经包揉。

条形乌龙茶有福建的武夷岩茶、广东的凤凰水仙、台湾的文山包种茶。

基本工艺流程（武夷岩茶）：晒青、凉青、做青、杀青、揉捻、烘干。

福建的安溪铁观音、台湾的冻顶乌龙茶属半球形（卷螺型）乌龙茶。

基本工艺流程（闽南乌龙茶）：晒青、凉青、做青、杀青、揉捻、毛火烘焙、包揉、足火、烘干。

4. 白茶加工

银针白毫的基本工艺流程为：萎凋、烘干（晒干）。

5. 黄茶加工

黄茶是杀青后包焖和烘炒后再包焖，使芽叶变黄而形成的，因此工艺的关键是焖黄。以蒙顶黄芽为例，基本工艺流程为：杀青、初包、复炒、复包、三炒、堆积、摊放。

6. 黑茶加工

黑茶多数是以比较粗老的鲜叶为原料，揉捻后经过渥堆发酵，或制成绿茶后再经过发酵而使叶色变黑，汤色深浓。

湖南安化黑茶的工艺流程为：杀青、初揉、渥堆、复揉、干燥。

湖北老青茶的工艺流程为：杀青、初揉、初晒、复炒、复揉、渥堆、晒干。

四川南路边茶的工艺流程为：杀青、蒸揉、渥堆发酵、干燥。

贵州六堡茶的工艺流程为：杀青、揉捻、沤堆、复揉、干燥。

云南普洱茶的工艺流程为：杀青、揉捻、晒干、泼水堆积发酵、干燥。

7. 紧压茶加工

紧压茶的原料是绿茶、红茶或黑茶，经过蒸软压膜制成砖形、饼形、碗形、柱形、方块形等不同形状的茶叶。中国生产的紧压茶主要有沱茶、普洱方茶、竹筒茶、米砖茶、湘尖、黑砖茶、花砖茶、茯砖茶、青砖茶、康砖茶、金尖茶、方包茶、六堡茶、紧茶、圆茶、饼茶、固形茶等。

8. 花茶加工

花茶是将绿茶或红茶用香花拌和，使茶叶吸收花香后制成。基本工艺流程为：茶坯处理、鲜花维护、拌和香花、通花散热、收堆续窨、出花分离、湿坯复火干燥、提花。

第三节 中 国 茶 艺

中国茶艺历史久远，但 20 世纪才有人提出来关于茶艺的定义。茶艺不仅仅只是关于泡茶技艺的艺术，也包含着品茶的艺术。关于茶艺的定义莫衷一是，茶文化专家寇丹曾说："茶艺有广义与狭义之分，广义的茶艺是研究茶叶的生产、制作、经营、饮用的方法和探讨茶叶的原理，以达到物质和精神全面满足的学问；狭义的茶艺是如何泡好一壶茶的技艺和如何享受一杯茶的艺术。"接下来我们将从不同的角度来感受中国茶艺。

一、茶艺的六要素

茶艺的六要素为茶、水、器、境、人、艺。泡好一壶茶的前提条件是选择合适的茶。中国从古至今有上千种名茶，还有许多不知名的茶叶。那么如何从如此庞大的数量中选择一种适用的茶叶？我们必须充分地了解茶叶。根据不同的制造方法和品质，我国目前将茶叶分为绿茶、红茶、乌龙茶、黄茶、黑茶、白茶与配制茶七大类。不同的茶有不同的制作方法，不同茶叶的风味更是因这些不同的制作方法变得丰富多彩，同时根据这些滋味的不同，泡制方法也有略微的差异。茶叶的滋味变化繁杂，即使同一种类的茶叶，也会因为产地、季节、存放时间、储藏方式的不同而产生些许差异。因此，在选购茶叶的时候，我们要学会鉴别茶叶。选择茶叶不能只比较茶叶的外观，也要比较香气、茶汤和叶底的不同。买到好茶之后要学会储藏，比较适用于家庭储藏方法的是干燥剂保管法，可选择石灰、硅胶或者木炭作为干燥剂。

茶的色、香、味的载体是水，好水才能成就一壶好茶。古人云：“得佳茗不易，觅好水亦难。”那么什么水才是好水呢？在《大观茶论》中，宋徽宗曾提出宜茶之水“以清轻甘洁为美”的观点。水无沉淀物且无色透明为“清”，以活水为佳；水甘冽清冷，入口有甘甜滋味，即为“甘”；用来沏茶之水的水品要轻，即为“轻”；水质清洁无杂物，即是“洁”。相传乾隆以银斗量天下泉水，以获得最适宜沏茶之水。古人进行诸多尝试来选取宜茶之水，也发现了许多名泉，如济南槛泉、北京玉泉、杭州龙井泉与虎跑泉等。并不是所有的水都适合泡茶，如果用积水、蒸馏水沏茶会使茶汤的香气大打折扣。

茶具在饮茶中不可或缺，一杯佳茗的取得离不开一套适合的茶具。随着饮茶人数的增加、饮茶方法的改进和茶艺的发展，人们自然而然开始关注茶具。茶艺的载体是茶具，没有茶具也不可能有茶艺，赏器也是茶艺的重要部分。我们很难说清茶具产生的具体时间，但是从文物与文献中最早可以追溯到的茶具出现在西汉。王褒的《僮约》中写到了“烹茶净具”，虽然不能断定其是茶具，但也可以确定当时烹茶用具已经产生。我国茶具在唐代发展迅速，不仅种类趋向齐全，而且茶具质地愈发讲究，注意因茶择具。唐宋时期饮茶之风盛行，但是关于茶具的选择两者略有不同，唐人推崇越窑青瓷茶盏，宋人偏爱建盏黑釉；唐人的炙茶器具是用小青竹制的夹，宋人则用金属架子。现代茶具的奠基之作是明代茶具。明朝茶壶开始看重砂壶，最佳为紫砂壶。同时外形美观的白定窑茶盏出现了，但是由于其受热容易损坏，不少人只是把它当作收藏品，“藏为玩器，不宜日用”的说法也由此出现。茶具根据质地不同，可分为陶土茶具、瓷器茶具、漆器茶具、玻璃茶具、金属茶具、竹木茶具等。

茶馆作为载体传承发扬茶文化，历经千百年的变化，成为一个包罗万象的舞台，涵盖了建筑、饮食、养生等各个方面，成为人们休闲娱乐的不二选择。品茶是习俗，人们在品茶的同时，品味的也是一种精神境界。我们欣赏茶艺的一个重要方面即是品境，品茶的“境”可以分为：建筑与环境、室内陈设环境、客人与主人、茶客与茶客相处的关系境界以及茶的冲泡过程所体现出的意境。通常来讲，一个安静舒适、完美和谐的环境更能使人们充分感受茶艺，提高对艺术美的欣赏能力。不同的茶馆定位，会有其不同的设计风格。通常有庭院式茶馆、综合式茶馆、宫廷式茶馆、书斋式茶馆等，茶客通过不同的风格能感受到不同的意境。

在茶艺的六大要素中，最根本的因素是人。那么什么是茶人？从广义上说，茶人是一切与茶有关的人，不论是皇宫贵族，还是黎民百姓，都可以称之为茶人。狭义上讲，茶属于灵魂之饮，那么茶人自是有一定精神境界的人，即在茶界德高望重的人，才能称之为茶人。不同的时代关于茶人有不同的定义，现在我们普遍认为茶人应具有三种品质。首先，茶人应是爱茶之人，这也是最起码的标准；其次，茶人要懂得茶叶的基本知识及茶艺知识，只有懂得这些知识，才能更好地领会博大精深的茶艺；最后则是要识茶，充分了解中国传统文化，识茶性、懂茶源、领悟茶之精神，把品茶上升到心灵高度，以修身养性。我国著名的茶人有陆羽、苏轼、宋徽宗、吴觉农等。茶艺的品赏，是在茶艺表演及品茶过程中融入个人的主观感受，并从中得到一种体验和感悟。

学艺是茶艺的六大要素中非常重要的因素。茶艺之美，美在过程，能否编排好茶艺的程序，直接影响茶艺能否成为艺术，并通过茶艺之美升华到精神境界。现今茶艺蓬勃发展，我们也在不断创新茶艺的形式与种类。创新需要在一定的基础上才能得以实现，在创新的过程中必须遵循茶艺编排的原则。实用性是茶艺编排的首要原则，茶艺是生活的艺术，离开了生活的土壤，茶艺仿如无土之木，无法获得长久发展；其次应遵循科学性原则，我们编排茶艺程序不能仅根据个人喜好随意编排，而应有科学依据；最后是艺术性原则，茶艺来源于生活又高于生活，具有一定的艺术性。只有遵循这三个原则，才能编排出更好的茶艺程序，更好地欣赏茶艺带给我们的心灵之美。在茶艺中，我们不只是得到一种生活技能，也应通过感受茶艺来体会先贤的精神思想，体验美的精神。

二、现代实用茶艺

我国有悠久的饮茶历史，在茶艺的研究上经历了一段漫长的时期，异彩纷呈的茶艺随之产生。接下来介绍几种现代实用茶艺。

1. 绿茶茶艺（信阳毛尖）

信阳毛尖是我国十大名茶之一，共有十道茶艺程序。分别是：鉴赏佳茗毛尖茶、泡茶玉液龙潭水、烫壶温杯洁器具、毛尖入宫吉祥意、重洗仙颜涤凡尘、浸润毛尖露芳容、回青茶沏表敬意、玉液回海待君品、平分秋色入茶盏、敬奉宾客一碗茶。

2. 红茶茶艺（清饮法）

红茶茶艺分为调饮法与清饮法，清饮法能够最大限度地保持红茶的自然风味，所以在这里向大家介绍清饮法。首先是准备器具，然后是观茶、置茶、泡茶、分茶、敬茶、闻茶与品茶。作为茶客，在闻香品茶上参与度最高，在品茶时要保持轻松舒适的心情，才能获得精神上的愉悦。

3. 普洱茶茶艺

在众多茶类中，普洱茶不仅品质独特，而且饮法独特、功效奇妙。只有正确的泡茶方法才能使普洱茶的茶性充分展现。前期要准备合适的茶具和水，掌握茶叶用量、泡茶水温和冲泡时间，其工序分为第一泡温润泡，第二泡要停壶静置一会儿再进行第三泡，最后一泡结束后不用着急清理茶渣，可以充入滚烫沸水，盖上壶盖，静置一旁，或许能得到一壶好茶。

总体来说，现代茶艺的基本操作一般有赏茶、洁具、置茶、泡茶、分汤、品茶这几个步骤。不同的茶有不同的茶艺程序，要结合茶自身的特性，在以上几个步骤中酌情增减，只要掌握这些步骤便可得到一杯佳茗。

三、舞台表演茶艺

舞台表演茶艺是在现代实用茶艺、古今茶俗、茶礼、茶风等基础上发展而来的，是由一个或几个专门的表演者在舞台上演示的茶的艺术。它高于生活，是古今饮茶习俗的艺术再现，风格独特。这种茶艺适合舞台演出，也适合大型聚会和影响较大的活动，在推广、普及和提高茶文化方面的作用，是普通茶艺无法替代的。因此，舞台表演茶艺在瑰丽多彩的茶文化里占有重要的地位。我国是一个多民族的国家，自古以来，“客来敬茶”是各民族对茶的共同爱好。但不同民族品茶习俗不同，就是汉族也“千里不同风，百里不同俗”。在长期的茶事实践中，有独特韵味的民俗茶艺被不少民族和地区创造出来，如藏族的酥油茶、蒙古族的奶茶、白族的三道茶、傣族和拉祜族的竹筒香茶、纳西族的盐巴茶、土家族的擂茶、苗族的油茶以及回族的罐罐茶等。这些民俗茶艺被人们推向舞台，成为民俗舞台的茶艺表演。同时，根据各地茶叶、茶艺的特点，现代人又推出武夷山工夫茶、安溪工夫茶、潮汕工夫茶等舞台表演型茶艺，这些可以归入民俗型茶艺之列。

我国的佛教和道教与茶缘分很深，以茶礼佛、以茶祭神、以茶助道、以茶待客、以茶修身，形成了多种茶艺形式。根据宗教的饮茶情况，发展了佛茶茶艺、禅茶茶艺和太极茶艺等，被称为宗教型茶艺。这种宗教型茶艺非常注重礼仪，气氛庄严肃穆，茶具古朴，强调修身养性或以茶释道。

宫廷茶艺在我国已有上千年历史，从唐朝开始，我国就有关于宫廷茶宴的文字记载。清初，康熙、乾隆都是嗜茶的国君，宫廷茶艺又形成了严格的茶规。安溪铁观音发源于清初雍正、乾隆年间。近年来，本着古为今用的原则，安溪一些有识之士依据安溪民间传说进行挖掘、整理，创作了反映清代宫廷尝茶习俗的茶艺，其程序分为赏舞、献器、涤器、投茶、注水、点汤、献茶等。另外，还有盖碗茶茶艺、禅茶茶艺、唐代宫廷茶艺等舞台表演茶艺也较为常见。

第四节　中 国 名 茶

一、绿茶篇

（一）洞庭碧螺春

洞庭碧螺春属于炒青茶，最早在民间被称为洞庭茶，又名吓煞人香，是我国十大名茶之一。当地茶农对碧螺春有“铜丝条，螺旋形，浑身毛，花香果味，鲜爽生津”的描述。

（1）产地。江苏省苏州市吴县的洞庭东西山一带。

（2）采摘与制作：在每年春分至谷雨时节采摘碧螺春，采一芽一叶初展，经摊青、杀青、炒揉、搓团、焙干等工序制作而成。

（3）按国家标准分级。特二级、特一级、一级和二级。

（4）特征。优质的碧螺春冬索纤细、卷曲成螺，满身披毫、银白隐翠，有浓郁的香气、鲜醇甘厚的滋味、碧绿清澈的汤色和嫩绿明亮的叶底。

（二）西湖龙井

西湖龙井属于扁形炒青绿茶，是我国十大名茶之一。其品质优良，自古有“西湖之泉，以虎跑为最，两山之茶，以龙井为佳”的美誉。

（1）产地。浙江省杭州市西湖一带。

（2）采摘与制作。于每年的清明前后至谷雨期间采摘西湖龙井，摘其一芽一叶及一芽二叶初展，用极其复杂的炒制手法，炒制中有抖、带、挤、甩、挺、拓、扣、抓、压、磨十大手法。

（3）按国家标准分级。

①西湖龙井茶：特级、一级至四级。

②浙江龙井茶：特级、一级至五级。

（4）分类。

①历史分类：龙井村狮峰一带所产的“狮”字号龙井，龙井、翁家山一带所产的“龙”字号龙井，云栖、梅家坞一带所产的“云”字号龙井，虎跑、四眼井

一带所产的“虎”字号龙井。

②根据龙井生产的发展和品质风格的实际差异性，后人将其分为狮峰龙井、梅坞龙井和西湖龙井。

（5）特征。制成后的西湖龙井茶有翠绿的色泽和扁平光滑的外形，冲泡后茶汤汤清色绿，香气馥郁，幽而不俗，滋味甘鲜醇厚，叶底嫩绿，匀齐成朵，素有“色绿、香郁、味甘、形美”四绝的特点。

（三）黄山毛峰

黄山毛峰属于条形烘青绿茶，是中国十大名茶之一。

（1）产地。安徽省黄山市黄山风景区和毗邻的汤口、充州、岗村、方村、杨村、长潭一带。

（2）采摘与制作。于每年的清明前后采摘黄山毛峰，采其一芽一叶初展，经杀青、揉捻、烘焙等工序制作而成。

（3）按国家标准分级：特级、一级、二级和三级。以特级、一级为名茶。

（4）特征。制成后的成茶形似雀舌，匀齐壮实，峰显毫露，色如象牙，鱼叶金黄。茶汤冲泡后明亮清澈，滋味香浓，醇厚甘甜。可以用八个字来概括特级黄山毛峰的优良品质：香高、味醇、汤清、色润。

（四）六安瓜片

六（lù）安瓜片属于片形烘青绿茶，也是我国十大名茶之一。

（1）产地。安徽省六安、金寨、霍山三市县响洪甸水库周围一带。质量最优的为金寨县齐头山所产。

（2）按采摘时间分类。

①“提片”是谷雨前采摘，其品质最优。

②“瓜片”是谷雨后大量采摘。

③“梅片”是梅雨季节采摘，因为鲜叶粗老，所以成茶品质较差。

（3）制作。唯一一种以单片的嫩叶进行炒制的绿茶是六安瓜片，堪称一绝。通常是采摘对夹二、三叶和一芽二、三叶，采回后要进行茎叶分离，就是所称的“板片”，然后再根据叶片的嫩度分别炒制。

（4）特征。炒制好的成茶形态为瓜子状，单片装，自然伸展，大小匀称，叶缘微翘，色泽宝绿，叶披白霜，明亮油润。茶汤冲泡后清澈明亮、香气高长、滋味鲜醇回甘，叶底黄绿明亮且柔软。

（五）太平猴魁

太平猴魁属于尖形烘青绿茶，是我国十大名茶之一。

（1）产地。安徽省黄山市黄山区新明、龙门一带。

（2）采摘与炒制。太平猴魁茶于每年的谷雨前开园，立夏前停采，每年只有15~20 天时间采摘，时间较短。采摘有“一芽三叶初展”的标准，还要严格做到“四拣”：一拣坐北朝南阴山云雾笼罩的茶山上茶叶；二拣生长旺盛的茶棵；三拣粗壮、挺直的嫩枝；四拣肥大多毫的茶叶。将所采摘的一芽三、四叶从第二叶茎部折断，一芽二叶俗称“尖头”，为制太平猴魁的上好原料。经杀青、毛烘、足烘、复焙四道工序制作而成。

（3）级别。太平猴魁的产量很少，极品被称为“猴魁”，低一级为“魁尖”，再低一级为“尖茶”。

（4）特征。制成后的猴魁茶平扁挺直，二叶抱芽，白毫隐伏，有“猴魁两头尖，不散不翘不卷边”之称，叶底苍绿匀润，叶脉绿中隐红，俗称“红丝线”，茶汤冲泡后杏绿清亮，幽香扑鼻，入口醇厚清爽，喉底回甘，有独特的“喉韵”，叶底肥厚柔软，黄绿明亮。

（六）庐山云雾

庐山云雾，古时候称为闻林茶，明代开始改称庐山云雾，属于条形炒青绿茶，是我国十大名茶之一。

（1）产地。江西省庐山一带。

（2）采摘与制作。由于气候条件，庐山云雾茶要比其他茶采摘的时间较晚一些，一般采摘于谷雨之后至立夏之间。采其一芽一叶初展，长度不超过 3 厘米。经过杀青、抖散、揉捻、炒二青、理条、搓条、拣剔、提毫、烤干（或烘干）等复杂的工序制作而成。

（3）特征。庐山云雾茶制成后条索圆直，芽长毫多，叶底翠绿，冲泡后的茶汤清澈明亮，滋味甘醇，有豆香味。

（七）信阳毛尖

信阳毛尖，也称豫毛峰，属于针形细嫩烘青绿茶，是我国十大名茶之一。

（1）产地。河南省信阳西南山一带。

（2）采摘与制作。一般在谷雨后采摘信阳毛尖，谷雨前只采少量的“跑山尖”，所以毛尖中的极品是“雨前毛尖”。采摘的标准为一芽一、二叶，程序有筛分、摊放、生锅、熟锅、初烘、摊凉、复烘、毛茶整理、再复烘等。

（3）特征。制成后的成茶外形细秀匀直，白毫显露，色泽翠绿，冲泡后的茶汤黄绿明亮，香气高长并带有熟板栗味道，口感鲜爽浓厚，叶底细嫩匀整。

（八）蒙顶甘露

蒙顶甘露属于卷曲形炒青绿茶，是我国最古老的名茶，被尊称为“茶中故旧”，是我国十大名茶之一。

（1）产地。四川蒙山一带。

（2）采摘与制作。一般于每年的春分时节开始采摘，采摘标准为单芽或一芽一叶初展。采来的鲜叶经杀青后再三炒三揉，制作程序有整形、烘焙等。

（3）特征。制成后的茶紧秀多毫，翠绿油润，冲泡后的茶汤黄绿明亮，嫩香馥郁，鲜爽可口。

（九）竹叶青

竹叶青属于扁形炒青绿茶，是我国十大名茶之一。

（1）产地。四川省峨眉山市及周围地区。

（2）采摘与制作。竹叶青是四川小种采摘而来，采其一芽一叶或一芽二叶初展。

（3）特征。精制后的成茶外形扁平似竹叶，冲泡后的茶汤黄绿明亮，入口鲜浓爽口。

（十）安吉白茶

安吉白茶也称玉蕊茶，属于半烘炒型绿茶，是我国十大名茶之一。

（1）产地。浙江省天目山北麓安吉山河、山川、章村一带。

（2）采摘与制作。一般采摘一芽一叶初展，经杀青、清风、压片、初烘、摊凉、复烘等复杂的工序制作而成。

（3）特征。制成的茶条索挺直扁平，形状像兰花，有翠绿的色泽，白毫显露，冲泡后的茶汤清澈明亮，香气四溢，鲜绿爽口，叶底柔软嫩绿。

二、黄茶篇

黄茶是我国特有的茶叶品类之一，其黄汤黄叶的品质特点是由于在制作时多了一道焖黄的工序而形成的。黄茶的品类有外形肥壮挺拔的君山银针、芽匀显毫的北港毛尖、肥壮大片的广东大叶青。

黄汤黄叶是黄茶的主要特点，根据其采摘鲜叶的嫩度和芽叶大小，可将黄茶分为黄芽茶、黄小茶和黄大茶。

1. 黄芽茶

黄芽茶，采摘最为细嫩的单芽或者一芽一叶制作而成，单芽挺直是此茶类的最大特点，冲泡后茶芽芽尖向上立于杯中，有很好的欣赏价值。主要品种有湖南岳阳洞庭的君山银针、四川雅安的蒙顶黄芽和安徽霍山的霍山黄芽，其中君山银针是黄茶中的极品。

2. 黄小茶

黄小茶，采摘最细嫩的芽叶制作而成，此类茶有条索细紧显毫、汤色杏黄明亮、滋味醇厚回爽的特点。主要品种有湖南岳阳的北港毛尖、湖南宁乡的沩山毛尖、湖北远安的远安鹿苑和浙江温州、平阳一带的平阳黄汤。

3. 黄大茶

黄大茶，采摘一芽二、三叶甚至一芽四、五叶制作而成，此类茶有叶肥梗壮、梗叶相连成条的品质特点，色泽金黄，有锅巴香，滋味浓厚耐冲泡。安徽霍山的霍山黄大茶和广东韶关、肇庆、湛江一带的广东大竹青为主要品种。

（一）君山银针

君山银针属于黄芽茶。君山又名洞庭山。君山银针始于唐代，清代被列为贡茶。

（1）产地。湖南省岳阳洞庭湖的君山岛。

（2）采摘与制作。每年的清明前后 7~10 天之内采摘完成，而且只采芽头，并且有“雨天不采”“风伤不采”“开口不采”“发紫不采”“空心不采”“弯曲不采”“虫伤不采”等九不采的要求，所以上等的君山银针茶堪称极品。制作采摘的茶叶要经过杀青、摊凉、初烘、复摊凉、初泡、复烘、再泡、焙干八道工序。

（3）特征。制成后的茶芽挺直，匀整多毫，色泽黄绿，冲泡后的茶汤杏黄明亮，有清爽的香气和甘甜醇和的滋味，叶底黄亮匀齐。

（二）北港毛尖

北港毛尖，属于黄小茶的品类。关于此茶的记载早在唐代就已出现，被称为邕湖茶。

（1）产地。湖南省岳阳市北港和岳阳县康王乡一带。

（2）等级。北港毛尖根据老嫩程度可分为五个等级：特号、一号、二号、三号和四号。

（3）采摘与制作。一般于每年的清明后五六天开始采摘，特号的北港毛尖一般只采一芽为原料，一号毛尖原料为一芽一叶，二、三号的毛尖原料则为一芽二、三叶。制作采摘来的鲜叶要经过锅炒、锅揉、拍汗、复炒和烘干五道工序。

（4）特征。制成后的茶条肥厚，毫尖显露，色泽金黄，冲泡后的茶汤色泽澄亮，香气清高，入口有醇厚的滋味，甘甜爽口，叶底肥嫩。

（三）广东大竹青

广东大竹青，属于长条形黄大茶。

（1）产地。广东省韶关、肇庆、佛山、湛江等地。

（2）采摘与制作。广东大竹青的原料是云南大叶种茶树的鲜叶，采摘标准为一芽二、三叶。经萎凋、杀青、揉捻、焖黄、干燥五道工序制成。广东大竹青虽属黄茶类，但却与其他黄茶的制法有所不同，为了消除清气涩味，使香味醇和纯正，要先萎凋后杀青，再揉捻、焖堆。

（3）特征。制成的茶条索肥壮、紧结、重实，老嫩均匀，叶张完整，显毫，色泽清润显黄，香气纯正，并有浓醇回甘的滋味、橙黄明亮的汤色和淡黄的叶底。

三、白茶篇

白茶是我国特有的茶叶品类之一，由宋代三色细芽、银丝水芽演变而来，因其成茶表面披满银毫而得名。白茶的主要特点是“银叶白汤”，白茶中的名优品种有状似银针的白毫银针、卷曲成朵的白牡丹等。

白茶一般多采摘自福鼎大白茶、福鼎大毫茶、政和大白茶及福安大白茶等茶树品种的芽叶制作，采其单芽制作而成的是白毫银针；采其一芽一、二叶，制作而成的为白牡丹或新白茶；采其一芽三、四叶加工制成的为寿眉。

白茶的制作工艺一般分为萎凋和干燥两道工序，萎凋这个环节是其中的重点。白茶的萎凋分为室内萎凋和室外日光萎凋两种，室外日光萎凋一般在晴朗天气时采用，室内萎凋则适合气候不佳时采用。之后再用文火进行烘焙到足够干为止。这种制作方法既不会破坏茶叶中酶的活性成分，又不促进其氧化作用，所以制成的茶多芽头肥壮，色泽白亮，毫多且密，汤色黄亮，滋味醇厚，叶底嫩匀。

按茶树品种、鲜叶采摘的不同可将白茶分为芽茶和叶茶。

（一）白毫银针

白毫银针，简称银针，也称白毫，属于针状白芽茶，得名于其单芽被满银白色茸毛，状似银针的特点。最早的白茶便是白毫银针。

（1）产地。福建省福鼎、政和一带。

（2）采摘与制作。白毫银针于每年的三月下旬至清明前采摘，采其一芽一叶初展，然后剥离出茶芽，俗称“剥针”，只采用肥厚的茶芽，经萎凋、干燥两道工序制作成白毫银针。

（3）特征。制成的茶状似银针，白毫密披，色白如银，冲泡后的茶汤浅黄清澈，香气清鲜，滋味醇厚爽口，叶底嫩匀完整。

（二）白牡丹

白牡丹属于叶状白芽茶，得名的原因是其绿叶中夹杂着银白色的毫芽，形似花朵，冲泡后绿叶托着嫩芽，犹如初开的白色牡丹花。

（1）产地。福建建阳、政和、松溪、福鼎等县。

（2）采摘与制作。白牡丹的制作原料是采自政和大白茶、福鼎大白茶和水仙品种的茶树鲜叶，一般采其一芽二叶，并要求芽白，第一、二叶都带有白色茸毛，即为“三白”。采来的鲜叶经萎凋、干燥两道工序制作而成。

（3）特征。成茶为深灰色或暗青苔色，叶张肥嫩，呈波纹隆起，叶背遍布洁白绒毛，叶缘向叶背微卷，芽叶连枝。汤色杏黄或橙黄，滋味醇厚，叶底浅灰，叶脉微红。

四、青茶篇

青茶也称乌龙茶，青茶最主要的品质特点是叶色绿镶红边、香气如梅似兰。根据茶中的多酚类氧化程度不同，将其分为四大类，即闽南乌龙、闽北乌龙、广东乌龙和台湾乌龙。青茶的杰出代表有岩茶极品大红袍、安溪名茶铁观音等。

青茶属于半发酵茶，它综合了绿茶和红茶的特点，既有绿茶的清香，又有红茶醇厚浓郁的花香，是我国比较有特色的茶种之一。经采摘鲜叶、萎凋、摇青、杀青、揉捻和干燥等加工程序制作而成。

俗称的“开面采”是指待茶树新梢长到 3 ~ 5 叶将要成熟，顶叶六七成开面时采下 2~4 叶。一般春、秋采取“中开面采”，夏暑茶适当嫩采，即采取“小面采”，产茶园生长茂盛，持嫩性强，也可采取“小开面”采，采摘一芽三、四叶。另外，为了提高毛茶的品质，采摘时应该做到不同品种分开、早午晚青分开、粗叶嫩叶分开、干湿茶青分开、不同地片分开，即“五分开”。

（一）安溪铁观音

安溪铁观音是乌龙茶三大品系之一，铁观音既是茶名，又是茶树品种名。

（1）产地。福建省安溪西坪乡一带。

（2）特征。铁观音成品茶条索卷曲，肥壮圆结，色泽砂绿，红点明显，其形状有的如秤钩，有的似蜻蜓头，“砂绿起霜”是由于咖啡因随着水分蒸发，在茶叶表面形成一层白霜。冲泡后的铁观音茶汤口味醇厚甘鲜，喉底回甘，有一种特殊的浓郁香气，被称为“铁观音韵”。

（二）武夷大红袍

武夷四大名丛之首为武夷大红袍，它属于武夷岩茶中的珍品，被称为乌龙茶中的茶圣。

（1）产地。福建省武夷山九龙窠高岩峭壁。

（2）历史。大红袍是采摘自福建省武夷山九龙窠高岩峭上的名丛大红袍的鲜叶制成的乌龙茶。1927 年天心寺和尚所作的“大红袍”三个字的石刻至今仍保留在岩壁上，旁边的 6 棵大红袍母树都属于灌木茶丛，其叶质量比较厚，芽头微微泛红。

（3）特征。制成后的大红袍茶条紧，色泽绿褐鲜润，冲泡后的汤色橙黄，香气馥郁，味胜幽兰，耐冲泡，久泡仍余花香。大红袍每年的产量极少，所以价格也比较昂贵。经过武夷山市茶叶研究所的反复试验，现在“大红袍”茶树无性繁殖技术已获成功，经繁育种植，已经能批量生产了。

（三）冻顶乌龙茶

台湾冻顶乌龙茶属于轻度或中度发酵类茶，俗称冻顶茶，冻顶乌龙茶是台湾包种茶中知名度极高的一种茶，又名“清香乌龙茶”，按照成茶外形的不同将包种茶大致分为两类：一类为条形包种茶，文山包种茶是其代表茶品；另一类为半球形包种茶，冻顶乌龙茶就是这种茶的代表。

（1）产地。台湾省南投县凤凰山支脉冻顶山一带。冻顶山属于凤凰山的支脉，有海拔 700 多米，此山被称为“冻顶”，源自于雨量多而山高路滑，上山种茶的茶农必须绷紧脚尖（当地人称“冻脚尖”）才能上山顶的传说。

（2）特征。冻顶乌龙茶外形为半球形，紧结匀整，色泽墨绿油润，有隐隐的金黄边缘，冲泡后的茶汤色泽金黄透亮，有浓郁的花香和熟果香，滋味浓醇甘爽，入喉回甘，焙火韵味明显，叶底边缘镶红边，中间淡绿，有青蛙皮的灰白点。

五、黑茶篇

六大基本茶类中原料最为古老的茶类是黑茶，黑褐色或油黑的色泽是由于在制作过程中堆积发酵时间过长。最为著名的云南普洱茶就属于黑茶的品类，黑茶还包括湖北老青茶、广西六堡茶、湖南安化黑茶等其他的名优品种。

四川最早出现了黑茶，是由绿毛茶经蒸压而成的边销茶。四川的茶叶要运输到西北地区，路途遥远且交通很不方便，所以必须减小体积，蒸压成团块。在加工成团块的过程中，要经过二十多天的湿坯堆积，毛茶的色泽逐渐由绿变黑，而成品团块茶叶的色泽已经变成黑褐色，并形成了独特的风味，黑茶因此由来。

黑茶的品质特征主要是在渥堆工艺中形成的，在此过程中，受微生物胞外酶、微生物呼吸代谢产生的热量和茶叶本身湿热的协同作用，茶叶内的化合物发生一系列复杂的化学反应，形成黑茶独有的风味特征。①

黑茶常常被用来制作紧压茶是因为它外形粗大，色泽黑褐，气味也比较重，如砖茶、饼茶、沱茶等。这些黑茶紧压茶是藏族、蒙古族和维吾尔族等民族的日常生活必需品。

（1）基本制作工序：杀青、揉捻、沤堆、干燥。

（2）分类：湖南黑茶、湖北老青茶、四川黑茶、滇桂黑茶。

（3）功效：降低血脂和增加血液中过氧化物活性。

（一）云南普洱茶

（1）产地。云南省思茅、西双版纳、昆明和宜良地区。

（2）普洱茶的分类。

①根据制作方法的不同，分为生茶和熟茶两种。

②按照其存放方式不同，分为干仓普洱和湿仓普洱两种。

③根据外形的不同，分为散茶、饼茶、沱茶、砖茶、金瓜贡茶等。

（3）功效：安神，明目，清头目，止渴生津，清热，消暑，解毒，消食，去

---

① 袁思思，柏珍，黄亚辉，等. 3 种黑茶的香气分析[J]. 食品科学，2014，35(2)：252-256.

肥腻，下气，利水，通便，去痰，祛风解表，坚齿，治心痛，疗疮治瘘，疗饥，益气力，延年益寿及其他。[①]

（二）湖南黑茶

（1）产地。原产于湖南省安化地区，最早产自资江边上的苞芷园，后转至资江沿岸地区。现在湖南黑茶的产区已扩大到桃江、汉寿、宁乡、益阳和临湘等地。

（2）湖南黑茶的制法。杀青、初揉、渥堆、复揉、干燥五道工序。

（3）湖南黑茶的分类。成品茶分为“三尖”“三砖”“花卷”等系列。“三尖”也称“湘尖”，分为三个等级，即“天尖”（湘尖一号）、“贡尖”（湘尖二号）、“生尖”（湘尖三号）。“三砖”即“黑砖”“花砖”“茯砖”。

（三）湖北老青茶

（1）产地。湖北省咸宁地区的蒲圻、咸宁、通山、崇阳、通城等县。

（2）等级。一般将湖北老青茶的品质分为三个等级：鲜叶采摘时以茎梗为主的是一级茶，基部稍带些红梗和白梗，成茶条索较紧，色泽乌绿；采摘鲜叶的茎梗以红梗为主的是二级茶，也称“二面茶”，顶部稍带些青梗，成茶叶色乌绿微黄；当年生红梗新梢、不带麻梗的是三级茶，也叫“里茶”，成茶叶面卷皱，叶色乌绿带花。

（四）六堡茶

（1）产地。原产于广西苍梧六堡乡，其名称也是来源于此地名。

（2）采摘与制作。采摘灌木型中叶种的一芽二、三叶，制作工序有摊青、低温杀青、揉捻、渥堆、干燥。

（3）特征。成茶茶色黑褐光润，香气醇厚陈香，有槟榔的味道，冲泡后的茶汤色泽红浓明亮，滋味醇和爽口，略感甜滑，叶底红褐。六堡茶耐于久藏，越陈越香。

六、红茶篇

六大基本茶类中发酵最深的一种茶是红茶，红茶红汤红叶的品质特点是因为全发酵的制作工艺而形成。我国主要的出口茶类别之一就是红茶，熏烟的正山小

---

① 屈用函，邵宛芳，侯艳. 普洱茶功效的研究进展及展望[J]. 思茅师范高等专科学校学报，2010，26(1)：10-13.

种红茶、宁红工夫红茶及小颗粒型的红碎茶等都是红茶中的名优品种。

红茶的主要产区集中于华南茶区的海南省、广东省、广西壮族自治区、湖南省、福建省和台湾地区；西南茶区的云南省、四川省以及江南茶区的安徽省、浙江省和江西省等。

（一）祁门红茶

多年以来我国的国事礼茶一直都是祁门红茶。祁门红茶与印度大吉岭红茶和斯里兰卡的乌伐红茶并称为世界三大高香红茶。

（1）产地。安徽省祁门、东至、贵池、石台一带，其中品质最优的在祁门的历口、闪里、平里一带。

（2）采摘与制作。祁门红茶只采其一芽二叶，制作工序有萎凋、揉捻、发酵等。

（3）特征。制成后的成茶条索紧细匀整，苗峰秀丽，色泽乌润，俗称“宝光”，冲泡后的茶汤色泽红亮，香气甜鲜，滋味醇和鲜爽。上等的祁门红茶有一种与众不同的兰花香，被称为祁门香，是祁门红茶所特有的香气。祁门红茶闻名于世凭借四绝品质，即香高、味醇、形美、色艳。

（二）正山小种

正山小种于18世纪后期在福建省崇安县桐木地区首次被发现，也称为星村小种。历史上这种茶以星村为集散地，所以，它与人工小种合称为小种红茶。世界上最早出现的红茶是正山小种，距今已有400多年历史，江西入闽的关口桐木关是最早产区。

（1）采摘与制作。小种红茶所特有的制作方法是烟熏干燥，形成其高火带松柏烟香和桂圆汤滋味的关键就在于此。正山小种一年只采春夏两季，春茶在立夏开采，要采摘一定成熟度的一芽二、三叶，制作工序有萎凋、揉捻、发酵、过红锅、复揉、熏焙、筛拣、复火、匀堆等。

（2）特征。制成后的小种红茶条索肥厚，紧结圆直，不带任何毫芽，色泽乌黑油润，冲泡后的茶汤红艳浓厚，香气高长，松烟香浓郁，入口滋味醇厚，伴随桂圆汤味，叶底肥厚红亮。

（3）保存。保存正山小种红茶只需采用常规常温密封的方法即可，很容易保存。因为它属于全发酵茶，一般经过一两年存放后，松烟香味会进一步转化为干果香，而茶也会有更加醇厚甘甜的滋味，特别是陈年正山小种红茶，其味道更加醇厚。

（三）红碎茶

红碎茶也称分级红茶、红细茶、小颗粒型红茶，云南、广东、海南、广西、贵州、湖南、四川、湖北、福建等地区是主要产区，其中品质较好的成茶是云南、广东、海南、广西用大叶种鲜叶为原料制成的。红碎茶在我国仅有 30 多年历史。

七、花茶篇

我国所独有的一个茶叶品种就是花茶，它是一种新的茶叶品类，花茶也称窨花茶、熏花茶、香片，属于再加工茶类，是以绿茶、红茶、乌龙茶等为原料，经过加窨各种香花而制成的。使用不同的鲜花窨制可形成不同香气的茶类。花茶受到越来越多现代人的青睐是因其香气繁多。很多花茶都是以花的名字来命名的，如茉莉花茶、玫瑰花茶、玉兰花茶、珠兰花茶、金银花茶、玳玳花茶、桂花茶等。

花茶产于福建、江苏、浙江、江西、广西、湖北、四川、安徽、湖南、云南等地。

第五节　国 外 名 茶

一、东亚茶

中国是茶的故乡和茶文化的发源地，并且形成了以中国为中心向全世界辐射的局势。在东亚，韩国与日本的茶叶及茶文化也有比较完备的发展。

（一）日本

中国是日本茶道的源头，但日本茶道却具有日本民特色。它有自己的形成、发展过程和特有的内蕴。奈良时代日本人开始饮茶，当时的茶文化基本照搬《茶经》。镰仓时代日本茶文化进一步发展，茶文化普及分为禅宗系统与律宗系统，“斗茶”作为一种娱乐方式开始兴起。日本茶道在江户时期灿烂辉煌，在吸收、消化中国茶文化后终于形成了具有民族特色的抹茶道、煎茶道。日本茶道的流派虽多，但却有大同小异的仪式规范程序，欣赏以茶碗为主的茶道用具，主客间的心灵交流是其根本意义。

日本出产的茶叶中九成多都是绿茶，它的分类非常细。依照制法和茶叶生长的位置，细分了出各种名称的茶，而这些茶又有不同的香气、味道、口感，喝的场合也有讲究。日本茶中最高级的茶品是玉露，据说一百棵茶树里可能也找不出一棵可以生产玉露，可见对茶树要求之高。玉露的涩味较少，口感鲜爽，香气清雅，茶汤清澄。日本传统茶仪式饮用的茶是抹茶，它是由切碎的碾茶研磨成粉末后制成的，茶汤醇厚，有涩味，呈绿玉色。日本人最常喝的绿茶是煎茶，有约占日本茶八成的产量，成茶挺拔如松针，好的煎茶色泽墨绿油亮，冲泡后却变得鲜嫩翠绿起来。茶味中带少许涩味，茶香清爽，回甘悠长。焙茶又叫烘焙茶，番茶用大火炒，直至香味散发出来，这是唯一用火炒的日本绿茶，焙茶因为炒过，故茶叶呈褐色，已经去除了苦涩的味道，烟熏味浓烈，冲泡后散发暖暖的香气，是适合寒冷天气的茶饮。

（二）韩国

韩国早在新罗时代便已有茶文化，是韩国传统文化的一部分。韩国饮茶的全盛时期是高丽时期，无论是贵族还是平民，都普遍爱饮茶，全国遍布 35 个茶产地。李朝排斥茶道，导致茶道中落，茶园衰败，直到朝鲜末期，通过多位名人的倡导，才再度兴盛。在现今经济发展、文化复兴的前提下，韩国继承和发展优秀的茶文化，形成了以“和、敬、俭、美”为中心的茶礼。

韩国茶与中国茶不同，韩国传统茶里不放茶叶，却可以放几百种材料。传统茶不用开水冲泡，而是将原料长时间浸泡、发酵或熬制而成。韩国传统茶种类多，经一番光大后已经达到无物不能入茶的程度。五谷茶是比较常见的传统茶，如大麦茶、玉米茶等，药草传统茶有五味子茶、百合茶、艾草茶、葛根茶、麦冬茶、当归茶、桂皮茶等，水果传统茶有大枣茶、核桃茶、莲藕茶、青梅茶、柚子茶、柿子茶、橘皮茶、石榴茶等。传统茶各有不同的功效：大麦茶有增进食欲、暖肠胃的功效，在韩国，许多家庭都以大麦茶代替饮用水；松针茶可以减缓咽喉痛，兼有美容的功效；柚子茶可以祛除风寒；艾草茶有助消化。人们在饭店用餐后，店主往往会端来一杯叫“水正果”的传统茶，它可以消食解腻，也可作为饭后甜点。

二、南亚茶

（一）印度红茶

印度作为世界上最大的茶叶生产国之一，拥有数以万计的种植园，从事茶叶生产的人超过200万。

在印度的传说中，达摩大师在菩提树下打坐昏昏欲睡时，突然闻到一股香气，他将散发香气的灌木叶摘下来咀嚼，顿时精神振奋，从此茶叶被发现。1834年，为研究茶叶的种植、开发，以及商业价值，印度总督设茶叶委员会。19世纪东印度公司决定在阿萨姆大规模生产茶，大规模的茶工业被激活。1839年伦敦市面第一次出现印度的阿萨姆茶，其味道浓郁，备受好评，多次赢得最佳品质大奖。如今，印度有大吉岭茶、阿萨姆茶与尼尔吉里茶三种特色茶叶。

拍卖是印度茶叶贸易的主要方式，印度没有类似中国的大型茶叶集贸市场或茶叶批发市场。19世纪中叶以后，几个产地茶叶拍卖中心在印度陆续设立，现已增加到7个：加尔各答、古瓦哈蒂、斯里古里、柯钦、古诺尔、科因巴托尔、姆利则。印度政府规定，75%左右的茶园所产茶叶必须通过拍卖进入市场，同时为了加强对印度三大特色茶叶的保护，茶叶委员会推出了三种鉴别性的标识，来保证茶叶为正品。

印度出产名茶，在世界四大名茶中，占有一席之地的有阿萨姆红茶与大吉岭茶。阿萨姆红茶，产于印度东北阿萨姆喜马拉雅山麓的阿萨姆溪谷一带。当地日照强烈，需另种他树为茶树适度遮蔽，丰富的雨量促进了热带性的阿萨姆大叶种茶树蓬勃发育。以6—7月采摘的品质最优，但10—11月产的秋茶较香。阿萨姆红茶茶叶有着细扁外形，深褐色、深红稍褐的汤色伴有淡淡的麦芽香、玫瑰香，且滋味浓，属烈茶，是冬季饮茶的最佳选择。大吉岭红茶，产于印度西孟加拉省北部喜马拉雅山麓的大吉岭高原一带。当地年均温度15℃左右，白天有充足的日照，但日夜温差大，谷地里常年云雾弥漫，是孕育此茶独特芳香的一大因素。3—4月的一号茶多为青绿色，5—6月的二号茶为金黄色，被誉为“红茶中的香槟”。其汤色橙黄，气味芬芳高雅，上品更是带有葡萄香，口感细致柔和。大吉岭红茶最适合清饮，但需稍久焖（约5分钟）才可使较大的茶叶尽舒，得其味，此茶最适合作下午茶。

（二）斯里兰卡红茶

斯里兰卡是世界第四大茶叶生产国，主产红茶，锡兰红茶闻名于世。最初的斯里兰卡只是作为茶叶的一个中转站。在19世纪60年代以前，斯里兰卡以生产咖啡为主，在爆发啡锈病之后，咖啡树大量死亡，为了摆脱困境，庄园主们把目光投向了茶叶。斯里兰卡处在东西航向的要道上，而且当地季风气候降雨充沛，再加上日照充足，客观因素和主观因素汇合在一起，促成了一个茶叶大国的诞生。

斯里兰卡有 6 个主要的茶叶生产区：加勒、拉特纳普拉、康提、努沃勒埃利耶、丁比拉、乌瓦。这些茶叶生产区的茶叶无论是口味还是色泽都属上乘，同时又有专属的色、香、味。斯里兰卡红茶适合加入牛奶饮用，味道极佳。斯里兰卡人不仅在产量上做文章，还提高茶叶附加值，开发特色茶，塑造茶叶品牌等，可谓将茶叶的运用推向了顶峰。

三、非洲茶

肯尼亚是非洲最重要的茶叶生产国，也是东非地区工业最发达的地区。在非洲红茶产区中，无论是红茶数量还是质量，肯尼亚都是居于首位。肯尼亚处在赤道正下方，日照丰富，土壤肥沃，技术先进，这里的茶叶凭借茶色优美、味道甘醇与口感清新的特色而闻名于世。肯尼亚高原是肯尼亚茶叶的主要种植区，那里充沛的凉水有利于优质茶叶的种植与生长。

肯尼亚茶叶可以冲泡出高品质的茶汤，被认为是世界上最好的饮料。肯尼亚红茶富含胡萝卜素、维生素 A、钙、磷、镁、钾、咖啡因、赖氨酸、谷氨酸等多种营养元素。红茶在发酵过程中，多酚类物质的化学反应使鲜叶中的化学成分产生较大变化，会产生茶黄素、茶红素等成分，和鲜叶相比其香气明显增加，形成红茶特有的色、香、味。

喀麦隆也是非洲重要的茶叶生产地。托勒位于喀麦隆的西南部，处在海拔 600 米的高地上，降水量适宜、年温差小、日照充足等条件非常适宜茶树的种植。从 20 世纪 40 年代以来，其茶叶种植园的面积不断增加，产量也随之大幅提高。对于寻找新奇茶叶的茶叶爱好者来说，喀麦隆茶有极大吸引力，在喀麦隆茶园里有一部分茶是通过无性繁殖方式栽种的。托勒低海拔茶叶、恩杜高海拔茶叶和鸠第萨无性系茶叶都具有极高的品质。

非洲如意茶，又称博士茶，也是世界闻名，它是用一种南非的豆荚类植物加工而成的茶。如意茶凭借香味深邃和口感浓郁的特点被称为非洲最流行的饮品。如意茶的享用方法有多种，如可以热饮、冷饮，可以原味、甜味或添加牛奶等，口感清凉。如意茶的抗氧化剂和酚类化合物比普通茶叶含量更高，但不含任何咖啡因，其单宁酸含量也很低。

第三章

咖啡和可可

第一节　咖　　啡

咖啡、可可、茶并称为世界三大饮料，其中咖啡的产量、消费量和经济价值居三大饮料之首，也居热带经济作物的首位。咖啡在世界热带农业经济、国际贸易和人类生活中具有十分重要的地位和作用。全球共有 80 余个国家种植咖啡，遍布亚洲、非洲、美洲等热带亚热带地区。我国咖啡的生产性种植历史不长，从 20 世纪 50 年代中后期才开始，发展比较缓慢。90 年代末，我国的咖啡生产快速发展，种植面积不断扩大，单产水平显著提高，产量迅速增长。目前我国咖啡种植主要分布在云南、海南等热带地区。

一、咖啡概述

（一）咖啡文化

咖啡是指以咖啡豆为原料，经过烘焙加工成熟，再研磨成颗粒状或提取速成颗粒，经沸水煮泡或冲泡而成的热饮或冷饮。咖啡是英语 coffee 的译音。“咖啡”一词源自希腊语 Kaweh，意思是“力量与热情”。咖啡树属茜草科常绿小乔木，而咖啡豆就是指咖啡树果实内的果仁。世界各地的人们越来越爱喝咖啡，随之而来的咖啡文化也充斥着我们的生活。无论在家里，还是在办公室，或是在各种社交场合，人们都喜欢品味咖啡。正是因为咖啡所具有的独特的生物和社会功用，与人类生理和心理需求、新的消费潮流和商业文化、现代资本的逐利模式和种植园的生产方式，甚至现代科技的发展等多种因素相结合，最终使咖啡成为一种世界性的饮料和消费品[①]，它逐渐与现代生活联系在一起，发展成为一种时尚。

（二）咖啡的传播过程

1. 非洲是咖啡的故乡

最早的咖啡树很可能是在埃塞俄比亚的卡法省（Kaffa）被发现的。后来，一

① 潘宏胜. 咖啡文化与现代文明[J]. 金融博览，2013(5)：23-25.

批批的奴隶从非洲被贩卖到也门和阿拉伯半岛，咖啡也随之被带到了沿途的各地。可以肯定的是，也门在 15 世纪或是更早的时候就已经开始种植咖啡了。阿拉伯虽然有着当时世界上最繁华的港口城市摩卡，却禁止任何种子出口。但是，这道障碍最终被荷兰人突破了。1616 年，他们将成活的咖啡树和种子偷运到了荷兰，开始在温室中培植。阿拉伯人虽然禁止咖啡种子出口，但对内却是十分开放的。首批被人们称作“卡文卡恩”的咖啡屋在麦加开张，人类历史上第一次有了这样一个场所，无论什么人，只要购买一杯咖啡，就可以坐在舒适的环境中谈生意、约会。

2. 咖啡进入亚洲

阿拉伯人没能将咖啡在亚洲传播开来，荷兰人却做到了。在对外殖民的过程中，他们在印度的马拉巴种植咖啡，又在 1699 年将咖啡带到了现在印尼爪哇的巴达维亚。随着荷兰的殖民扩张活动，其殖民地曾一度成为欧洲咖啡的主要供应地。目前，印度尼西亚是世界第四大咖啡出口国。

3. 咖啡进入欧洲

威尼斯商人于 1615 年首次将咖啡带入欧洲。1683 年，欧洲首家咖啡屋在威尼斯开张，而最著名的还要数 1720 年在圣马可广场开张的佛罗伦咖啡馆，至今还生意兴隆。值得一提的是，世界上最大的保险商——伦敦罗依德公司正是依靠咖啡屋起家的。

4. 咖啡进入美洲

1668 年，咖啡作为一种时尚饮品风靡南美洲，作为衍生物的咖啡屋也紧跟其后，分别在纽约、费城、波士顿和其他一些北美城市出现，1773 年的波士顿倾茶事件就是在一家名为“绿龙”的咖啡屋里策划的。今天，著名的华尔街金融区的纽约股票交易所和纽约银行都始于咖啡屋。咖啡首次在美洲种植是 18 世纪 20 年代，又是荷兰人最先将咖啡传到了中美洲和南美洲。咖啡由荷兰的殖民地传到了法属圭亚那和巴西，后来又由英国人带到了牙买加。到 1925 年，种植咖啡已成为中美洲和南美洲的传统，同年，夏威夷也开始种植咖啡，它是美国唯一的咖啡产地，也是世界上最好的咖啡产地之一。现在，巴西是世界上最大的咖啡生产国，约占全球咖啡产量的 30%，而哥伦比亚则是第二大咖啡生产国，占全球咖啡产量的 12%左右，北美目前是全球咖啡消费量最大的地区。在西雅图，“拉泰”文化重新演绎了咖啡文化的内涵，将独特口味的风味咖啡、设计精美的咖啡器具与时尚和艺术融合在一起，形成了其特色并风靡世界。

5. 咖啡进入中国

据史料记载，1884 年咖啡在台湾首次种植成功，从而揭开了咖啡在中国发展的序幕。大陆地区最早的咖啡种植则始于 20 世纪初的云南，一个法国传教士将第一批咖啡苗带到云南的宾川县。在以后的近百年时间里，咖啡种植在幅员辽阔的中国也只是星星点点。然而，近年来中国咖啡种植和消费的发展越来越为世界所瞩目。麦斯威尔、雀巢、哥伦比亚等国际咖啡公司纷纷在中国设立分公司或工厂，为中国市场提供品种更好、价格更优的产品。作为西方生活方式的一部分，咖啡已正式进入中国人的家庭和生活。北京、上海、广州等大城市的咖啡馆伴随着咖啡文化的发展也如雨后春笋般出现，成为青年人新的消费时尚，装点着都市风情。咖啡文化越来越成为现代时尚生活的风向标，成为都市风情不可缺少的一部分。

（三）咖啡的主要成分

1. 咖啡因

众所周知，咖啡中含有咖啡因，其性质和可可中的可可碱、绿茶中的茶碱相同，是特别强烈的苦味的主要来源，烘焙后减少得不多。咖啡因的功效极为广泛，会影响人体脑部、心脏、血管、胃肠、肌肉及肾脏等部位，适量的咖啡因可以起到刺激大脑皮层，减轻肌肉疲劳感，促进消化液分泌，刺激心肺和呼吸系统的作用。咖啡因又是中枢神经系统的兴奋药，对心血管系统具有正性作用，还能治疗偏头痛等疾病，并在机体的多个系统中发挥着广泛的作用。[①]因为其能促进肾脏机能，有利尿的作用，有助于将体内多余的钠离子排出体外。咖啡在人体内不会像其他麻醉性物质那样停留很久，一般在 2~3 个小时之后就会被排泄掉，其作用就会消失，但摄取过多会导致咖啡因中毒。

2. 蛋白质和脂肪

咖啡的卡路里主要来源于蛋白质，但是占比不高，咖啡末中的蛋白质在烹煮咖啡时，多半不会溶出来，所以能提取到的蛋白质很有限。咖啡内含有脂肪，这种脂肪对形成不同风味的咖啡具有十分重要的作用。研究发现，咖啡内的脂肪有很多种，其中最主要的是酸性脂肪和挥发性脂肪。酸性脂肪是指咖啡中含有酸，其强弱会因咖啡种类不同而不同。挥发性脂肪是咖啡香气的主要来源，是一种会

---

① 易超然，卫中庆. 咖啡因的药理作用和应用[J]. 医学研究生学报，2005，18(3)：270-272.

散发出40余种芳香的物质，烘焙过的咖啡豆内所含有的脂肪一旦接触空气，会与空气发生化学反应，味道、香味都会变差。

3. 纤维和矿物质

咖啡豆里的纤维烘焙后会炭化，与焦糖互相结合便形成了咖啡的色调。咖啡里含有少量石灰、铁质、磷和碳酸钠等矿物质。这些矿物质占比不大，极少影响咖啡的风味，综合来看只是带来少许的涩味。

4. 单宁酸

咖啡里的单宁酸经提炼后会变成淡黄色的粉末，易溶于水。煮沸后的单宁酸会分解成焦梧酸，是咖啡味道变差的原因之一。如果冲泡完搁置几个小时，则颜色没有刚泡好的深，味道也差很多，所以冲泡完要尽快饮用。

二、咖啡的起源

咖啡树原产于非洲埃塞俄比亚西南部的高原地区。据说1000多年以前一位牧羊人发现羊吃了一种植物后变得非常兴奋活泼，进而发现了咖啡。还有说法称野火偶然烧毁了一片咖啡林，烧烤咖啡的香味引起周围居民注意，因此人们发现了咖啡。

直到11世纪左右，人们才开始用水煮咖啡，并把它作为饮料。13世纪，埃塞俄比亚军队入侵也门，将咖啡带到了阿拉伯世界。因为伊斯兰教义禁止教徒饮酒，有的宗教界人士认为咖啡刺激神经，违反教义，曾一度禁止并呼吁关闭咖啡店，但埃及苏丹认为喝咖啡不违反教义，因而解禁，咖啡饮料迅速在阿拉伯地区流行开来。后来传到土耳其，成为欧洲语言中这个词的来源。咖啡种植、制作的方法也被阿拉伯人不断地改进而逐渐完善。

17世纪咖啡的种植和生产一直为阿拉伯人所垄断，当时主要被使用在医学和宗教上，医生和僧侣认为咖啡具有提神、醒脑、健胃、强身、止血等功效。15世纪初开始有文献记载咖啡的使用方式，并且将咖啡融入宗教仪式中，同时也出现在民间，成为日常饮品，因此咖啡成为当时很重要的社交饮品。1570年，土耳其军队围攻维也纳失败撤退时，有人在土耳其军队的营房中发现一口袋黑色的种子，谁也不知道是什么东西。一个曾在土耳其生活过的波兰人拿走了这袋咖啡，并且利用这袋咖啡在维也纳开了第一家咖啡店。16世纪末，咖啡以“伊斯兰酒”的名义通过意大利开始大规模传入欧洲。相传当时一些天主教人士认为咖啡是“魔鬼饮料”，怂恿当时的教皇克莱门八世禁止这种饮料，但教皇品尝后认为可以饮用，并且祝福了咖啡，因此咖啡在欧洲逐步普及。

起初咖啡在欧洲价格不菲，甚至被称为“黑色金子”，只有贵族才能饮用咖啡。直到 1690 年，一位荷兰船长航行到也门，得到几棵咖啡苗，在印度尼西亚种植成功。1727 年，荷属圭亚那的一位外交官的妻子，将几粒咖啡种子送给一位在巴西的西班牙人，他在巴西试种取得很好的效果。巴西的气候非常适宜咖啡生长，从此咖啡在南美洲迅速蔓延。因生产规模扩大，价格下降，咖啡开始成为欧洲人的重要饮料。

三、咖啡树与咖啡豆

（一）咖啡树

咖啡树原产自埃塞俄比亚，属于植物学中 Rubiaceae 族之 Coffee 属的常绿单子叶植物，其高度可达 10 米，而经过人工栽种者的修剪仅有 1.5~2 米高。咖啡会在 3~4 年开始结籽，20~25 年后产量会减少，但也有部分咖啡树超过百年寿命却仍然结出果实。咖啡树的树枝对立生长，分枝呈水平状或下垂，其树叶则生于短径分枝上，呈长椭圆形，叶面光滑。花是白色的，开在叶柄连接树枝的基部。咖啡树主要有两个种类，即阿拉比卡（Coffee Arabica）和罗布斯塔（Coffee Robusta）。阿拉比卡的叶长约 15 厘米，罗布斯塔的树叶较长，呈软卵形或尖形，颜色亮绿。咖啡树有速生、高产、价值高、销路广等特点。

（二）咖啡豆

1. 咖啡豆概述

咖啡果实内含有两颗种子，也就是咖啡豆。这两颗豆子各位于其平面的一边，面对面直立相连。每个咖啡豆都有一层薄薄的外膜，此膜被称为银皮，其外层被覆着一层黄色的外皮，称为内果皮。整个咖啡豆则被包藏在黏质性的浆状物中，形成咖啡果肉，果肉软且带有甜味，最外层则为外壳。

种植咖啡种子时，首先要将包着内果皮的咖啡种子种至苗床，40~60 天就会发芽，发芽后大约 6 个月会成长为 50 厘米左右的苗木。苗木由苗床移植到农园后约 3 年开花。为了提高咖啡豆的产量，会修剪咖啡树的枝丫。咖啡树的花是白色五瓣花，有茉莉香气，花朵在数日内就会凋谢，随后长出小小的果实，咖啡树若长得太高反而会收成不好，因此咖啡农会在距离地面 30~50 厘米处将树干锯断，让它重生枝丫，更新生产力，此步骤称为回切（cutback）。[①]一般在播种2~3年后，咖啡树可长至5~10公尺，但为防咖啡豆失去香气、味道变差，以及采收方便，农民多会将其修到1.5~2公尺。播种后3~5年便开始结果，第5年以后的20年内均为采收期。

2. 咖啡豆的命名

（1）以咖啡豆的生产国命名

以生产国命名的咖啡豆有巴西（Brazil）、哥伦比亚（Colombia）、墨西哥（Mexico）、秘鲁（Peru）、危地马拉（Guatemala）、牙买加（Jamaica）、肯尼亚（Kenya）、海地（Haiti）、印尼（Indonesia）、象牙海岸（Cote d'ivoire）、越南（Viet nam）等。

（2）以咖啡豆的生产地命名

以生产地命名的咖啡豆有蓝山（Blue mountain）、夏威夷（Hawaii）、安第斯山（Andes mountain）、摩卡·马塔里（Mocha mattari）、乞力马扎罗（Kilimanjaro）、摩卡·哈拉（Mocha Harry）、安提瓜（Antigua）等。

（3）以咖啡豆的出口港命名

以出口港命名的咖啡豆有曼特宁（Mandheling）、摩卡（Mocha）、圣多斯（Santos）等。

以上都是咖啡豆种类的命名方式。每个地方的地理环境不同，会导致咖啡外形、味道、香气、特性各有本身的特色。

3. 咖啡豆种类

（1）摩卡咖啡

目前也门所生产的摩卡最佳，其次为依索比亚的摩卡。摩卡咖啡润滑中带中酸至强酸，甘性特佳、风味独特，含有巧克力的味道，具有贵妇人的气质，是极具特色的一种纯品咖啡。

（2）哥伦比亚咖啡

哥伦比亚咖啡中以Supremo最具特色，其咖啡柔软香醇，带微酸至中酸，其品质及香味稳定，属中度咖啡，是用以调配综合咖啡的上品。

（3）曼特宁咖啡

曼特宁咖啡是生产于印度尼西亚苏门答腊最具代表性的咖啡。风味香、浓、

---

① [日]田口户. 咖啡品鉴大全[M]. 沈阳：辽宁科学技术出版社，2009：12.

苦，口味相当强，但柔顺不带酸，是印度尼西亚生产的咖啡中品质最好的一种。

（4）炭烧咖啡

炭烧咖啡是一种重度烘焙的咖啡，味道焦、苦，不带酸，咖啡豆有出油的现象，极适合用于蒸汽加压。

（5）巴西咖啡

巴西是世界第一大咖啡生产国，所产咖啡香味温和、微酸、微苦，为中性咖啡的代表，是调配温和咖啡不可或缺的品种。

（6）肯尼亚咖啡

肯尼亚咖啡是非洲高地栽培的代表性咖啡。AA 代表其级数（即最高级品），其咖啡豆肉质厚，呈圆形，味浓质佳，通常采用浅焙。

（7）夏威夷咖啡

夏威夷咖啡属于夏威夷西部火山所栽培的咖啡，也是美国唯一生产的咖啡品种，口感较强，香味浓，带强酸，风味特殊，品质相当稳定，是夏威夷游客的必购土特产之一。

4. 咖啡豆的烘焙

生咖啡豆本身是没有任何咖啡香味的，只有经过烘炒，才会释放浓郁的咖啡香味。

烘焙的过程中会产生一连串的化学变化。经过 5~25 分钟的烘焙（依所选取温度而定），绿色的咖啡豆会失去部分湿度，先转变成黄色，后呈现出浅褐色。在此过程中，咖啡豆会膨胀，从结实的、高密度的生豆状态转变为低密度的蓬松状态，咖啡豆体积会增大约一倍，这一阶段完成之后（大约经过 8 分钟的烘焙），热量会转小，咖啡豆的颜色很快转变成深色。当达到了预设的烘焙深度，可以用冷气来为咖啡豆降温，以停止烘焙过程。

烘焙大致分为浅烘焙（light）、中烘焙（medium）、城市烘焙（city）和深烘焙（deep）。浅烘焙的咖啡豆会有很浓的气味，很脆，有很高的酸度和轻微的醇度；中烘焙的咖啡豆有很浓的醇度，同时还保存着一定的酸度；城市烘焙的咖啡豆表面带有较深的褐色，酸度被轻微的焦苦所代替，风味大部分已经被破坏；深度烘焙的咖啡豆颜色为深褐色，表面泛油，相比大多数咖啡豆醇度明显增加，酸度降低。

5. 咖啡豆的储存

（1）咖啡豆应放在密封罐或密封袋中，以保持新鲜。

（2）将咖啡豆储存在通风良好的储藏室中。

（3）咖啡豆的保存期限约为 3 个月，而咖啡粉只能保存 1~2 个星期。

（4）如果是研磨好的咖啡，应使用密闭或真空包装，以确保咖啡油（coffee oil）不会消散，风味及强度不会丧失。如果咖啡不急用，可以保存在冰箱中。

（5）循环使用库存物，并核对袋子上的研磨日期。

（6）不要靠近有强烈味道的食物。

（7）尽可能只在需要时才将咖啡豆研磨成咖啡粉。咖啡与胡椒一样，在研磨后很快即丧失其芳香。使用刚磨好的咖啡粉冲泡，永远都是最好的。

四、咖啡产地与种类

（一）南美洲

在古巴，咖啡的种植是由国家管理的。古巴最好的咖啡种植区位于中央山脉地带，这片地区除了种植咖啡外，还有石英、水晶等珍贵矿物出产，所以又被称为水晶山。水晶山与牙买加的蓝山山脉地理位置相邻，气候条件相仿，水晶山咖啡口味与蓝山咖啡相似，可媲美牙买加蓝山咖啡，所以古巴水晶山成了与牙买加蓝山相比较的对象，水晶山又被称为“古巴的蓝山”。

古巴水晶山代表咖啡是 Cubita，中文名为琥爵咖啡。Cubita 像一个优雅的公主，是顶级古巴咖啡的代名词。Cubita 是古巴大使馆的指定咖啡，被称为“独特的加勒比海风味咖啡”“海岛咖啡豆中的特殊咖啡豆”。

（二）非洲

1. 科特迪瓦

有人说它是仅次于巴西、哥伦比亚的世界第三大咖啡生产国，其罗布斯塔原种生产量世界第一。主要产地在南部地区，生产罗布斯塔原种的中型咖啡豆。

2. 埃塞俄比亚

埃塞俄比亚是咖啡原产地，是传统的咖啡出产国。咖啡来源于埃塞俄比亚西南部的卡法，南部的希塔摩地方则是主要产地。东部高地哈拉也和“哈拉”这个咖啡名称一样有名。

（三）亚洲

1. 印度

印度西南部的卡尔纳塔卡州是主要产地，所产咖啡豆颗粒为大粒。东南部塔米尔纳得州产的咖啡豆颗粒虽小，却是高级品。

2. 印度尼西亚

印度尼西亚的咖啡产地主要限于爪哇、苏门答腊、苏拉威西三个小岛。罗布斯塔原种占其咖啡产量的九成。

爪哇岛上生产少量的阿卡比拉原种咖啡豆，颗粒小，是一种具有酸味的良质咖啡豆。此岛上的阿拉比卡原种曾是世界级的优良品，但1920年因受大规模病虫害，而改种罗布斯塔原种，如今它所产的罗布斯塔原种咖啡豆在世界上仍然首屈一指。具个性化苦味的“爪哇”咖啡，被广泛用来混合使用。

苏门答腊岛上产的曼特宁，是极少数的阿卡比拉种，颗粒颇大，丰富醇厚，如糖浆般润滑的口感，使它在蓝山咖啡出现前，曾被视为极品，至今仍有很多人喜爱它。阿拉比卡是极具代表性的印度尼西亚咖啡。

3. 也门

有一个说法认为咖啡被人由埃塞俄比亚带到也门来，并以此为据点，传播到世界各地。也门是阿拉比卡原种的发祥地，又曾因所生产的摩卡咖啡而名噪一时，但如今盛况已不复当年。

（四）中南美洲

1. 墨西哥

墨西哥的咖啡生产地集中在较靠近危地马拉的南部地方，东西侧都有山脉贯穿，使它的山岳倾斜地成为理想的咖啡栽培地，咖啡栽种较为普遍。

根据高地依序分类为阿尔杜马拉、普力马 · 拉贝社、普因 · 拉巴社三种标高产咖啡。咖啡豆大小由中粒到大粒都有，外观、香味都大致良好。

2. 牙买加

因咖啡而声名大噪，成为世人热谈话题的牙买加，是位于加勒比海的一个小共和国。贯穿此岛的山脉斜坡是牙买加咖啡主要产地，最有名的是蓝山（Blue

Mountain），位于首都金斯敦东北方，海拔 2256 米，秀丽的蓝山连峰是绝佳的咖啡栽培地，咖啡树栽种在海拔 1000 米左右的险峻山坡上。蓝山咖啡豆形状饱满，比一般豆子稍大，酸、香、醇、甘味均匀而强烈，略带苦味，口感调和，风味极佳，适合做单品咖啡，是全世界公认的极品，通常都附有精致的工厂标志和保证书，然后装入类似大型啤酒木桶的大桶内出口。有 No.1、No.2、No.3、圆豆等等级。蓝山咖啡的年产量只有 700 吨左右，由于产量少，市场上卖的大多是"特调蓝山"，也就是以蓝山为底再加上其他咖啡豆混合的综合咖啡。

3. 巴西

巴西是世界最大咖啡生产输出国，被誉为"咖啡大陆"。由于广大国土中约有 10 个州大量生产咖啡豆，为了弥补地域差距和质量差距，巴西设定自成一格的分级基准，以求品质的稳定化。

巴西生产的咖啡豆质量优良，加工处理也较容易，广受好评。巴西咖啡的香、酸、醇都是中度，苦味较淡，以平顺的口感著称。在各类巴西咖啡品种中，以 Santos Coffee 较著名。Santos Coffee 也可叫 Bourbon Santos。Bourbon Santos 的品质优良，口感圆润，带点中度酸，还有很强的甘味。Bourbon Santos 被认为是做混合咖啡不可缺少的原料。

4. 哥伦比亚

哥伦比亚是世界第二大咖啡生产国，生产量占世界总产量的 12%，仅次于巴西。产地名已成为广为人知的咖啡名称，比如美得宁、马尼萨雷斯、波哥塔、阿尔梅尼亚等都各有各的风评。哥伦比亚咖啡树均栽种在高地，耕作面积不大，以便于照顾采收。采收后的咖啡豆，以水洗式（湿法）精制处理。哥伦比亚咖啡豆品质整齐，堪称咖啡豆中的标准豆，豆形偏大，带淡绿色，具有特殊的厚重味，以丰富独特的香气广受青睐，口感则为酸中带甘、低度苦味，随着烘焙程度的不同，可呈现多层次风味。中度烘焙可以把豆子的甜味发挥得淋漓尽致，并带有香醇的酸度和苦味，深度烘焙则使得苦味增强，同时甜味仍不会消失太多。一般来说，中度偏深的烘焙会让口感比较有个性，不但可以作为单品饮用，也可以做混合咖啡。

5. 夏威夷

产自夏威夷的可娜咖啡所使用的咖啡豆是生长在火山地形之上的，采用高密度的人工培育农艺技术，因此每粒豆子可说是娇生惯养，身价自然不菲，仅次于蓝山咖啡。夏威夷可娜豆形平均整齐，具有强烈的酸味和甜味，口感湿顺、滑润。中度烘焙则使豆子产生酸味，偏深度烘焙则使苦味和醇味都加重。这种咖啡豆生长的高度从海平面到 6000 英尺[①]。极品咖啡一般只在山脉地区生长，生长的高度在 4000~6000 英尺，需要年降雨量大约 80 英尺而且干季与湿季非常明显的地方，生长极品咖啡豆的土质要求肥沃，而且通常要火山岩质，浅云或阴天的天气在高质量的咖啡豆的生长环境中也是必须条件，白天时的气温需要 15℃~20℃。独特的气候环境使更为浓郁的咖啡口味产生。

五、咖啡的煮泡法

一般餐厅或咖啡专卖店最常使用的咖啡煮泡法有三种，即虹吸式煮泡法、过滤式煮泡法及蒸汽加压式煮泡法。

（一）虹吸式煮泡法

虹吸式煮泡法主要是利用蒸汽压力造成虹吸作用来煮泡咖啡。它可以依据不同咖啡豆的熟度及研磨的粗细程度来控制煮咖啡的时间，还可以控制咖啡的口感与色泽，因此是三种冲泡方式中最需具备专业技巧的煮泡方式。

1. 煮泡器具

虹吸式煮泡设备包括过滤壶、蒸馏壶、过滤器、酒精灯及搅拌棒。

2. 操作程序

（1）将过滤器装在过滤壶中，并将过滤器上的弹簧钩钩牢挂在过滤壶上。

（2）蒸馏壶中注入适量的水。

（3）点燃酒精灯开始煮水。

（4）将研磨好的咖啡粉倒入过滤壶中，再轻轻地插入蒸馏壶中，注意不要扣紧。

（5）水煮沸后，将过滤壶与蒸馏壶相互扣紧，扣紧后会产生虹吸作用，使蒸馏壶中的水往上升，升到过滤壶中与咖啡粉混合。

（6）适时使用搅拌棒轻轻地搅拌，让水与咖啡粉充分混合。

（7）四五十秒后，将酒精灯移开。

（8）酒精灯移开后，蒸馏壶的压力降低，过滤壶中的咖啡液经过过滤器回流

---

① 1 英尺≈0.3 米。

到蒸馏壶中。

3. 注意事项

咖啡豆的熟度与研磨的粗细都会影响咖啡煮泡的时间，因此必须掌握煮泡咖啡的时间，以充分展现出不同咖啡的特色。

（二）过滤式煮泡法

过滤式煮泡法主要利用滤纸或滤网来过滤咖啡液。根据所使用的器具又可细分为日式过滤咖啡与美式过滤咖啡两种。

1. 日式过滤咖啡

日式过滤咖啡是用水壶直接将水冲进咖啡粉中，经过滤纸过滤后所得到的，所以又称作冲泡式咖啡。器具包括漏斗形上杯座（座底有 3 个小洞）、咖啡壶、滤纸及水壶。所使用的遮纸有 101、102 及 103 三种型号，可配合不同大小的上杯座使用。

日式过滤咖啡操作程序如下。

（1）将滤纸放入上杯座中固定好，并用水略微蘸湿。

（2）将研磨好的咖啡粉倒入上杯座中。

（3）将上杯座与咖啡壶结合并摆放好。

（4）用水壶直接将沸水由外往内以画圈的方式浇入，务必保证所有的咖啡粉都能与沸水接触。

（5）咖啡液经由滤纸由上杯座下的小洞滴入咖啡壶中，滴入完毕即可饮用。

2. 美式过滤咖啡

美式过滤咖啡主要利用电动咖啡机自动冲泡过滤而成，可以事先冲泡保温备用，操作简单方便，颇受大众的喜爱。美式过滤咖啡所用的煮泡器具是电动咖啡机。咖啡机有自动煮水、自动冲泡过滤及保温等功能，并附有装盛咖啡液的咖啡壶，机器所使用的过滤装置大多是可以重复使用的滤网。

美式过滤咖啡操作程序如下。

（1）在盛水器中注入适量的用水。

（2）将咖啡豆研磨成粉，倒入滤网中。

（3）将盖子盖上，开启电源，机器开始煮水。

（4）当水沸腾后，会自动滴入滤网中，与咖啡粉混合后，再滴入咖啡壶内。

3. 注意事项

（1）煮好的咖啡由于处在保温的状态下，不宜放置太久，否则咖啡会变质、变酸。

（2）不宜使用深度烘焙的咖啡豆，否则会使咖啡产生焦苦味。

（三）蒸汽加压式煮泡法

蒸汽加压式煮泡法主要是利用蒸汽加压的原理，让热水经过咖啡粉后再喷至壶中形成咖啡液。由于这种方式所煮出来的咖啡浓度较高，因此又被称为浓缩式咖啡，就是一般大众所熟知的 express coffee。

1. 煮泡器具

蒸汽咖啡壶一套。主要包括上壶、下壶、漏斗杯三大部分，此外还附有一个垫片（垫片用来压实咖啡粉）。

2. 主要操作程序

（1）在下壶中注入适量的水。

（2）将研磨好的咖啡粉倒入漏斗杯中，并用垫片压紧，放进下壶中。

（3）将上、下两壶扣紧。

（4）整组咖啡壶移到热源上加热，当下壶的水煮沸时，蒸汽会先经过咖啡粉后再冲到上壶，并喷出咖啡液。

（5）当上壶开始有蒸汽溢出时，表示咖啡已煮泡完。

3. 注意事项

（1）咖啡粉一定要保证压紧，否则水蒸气经过咖啡粉的时间太短，会使煮出来的咖啡浓度不足。

（2）若煮泡一人份的浓缩咖啡时，因为咖啡粉不能放满漏斗杯，可将垫片放在咖啡粉上不取出，以确保咖啡粉的紧实。

（3）由于浓缩咖啡强调的是咖啡的浓厚风味，所以应该使用深度烘焙的咖啡豆。

六、咖啡的功效与饮用礼仪

（一）咖啡的功效

纵观人类饮用咖啡的历史，不难看出咖啡对人体有着诸多良好的功效。最近十几年针对咖啡的成分和功效进行的多项研究发现，咖啡不仅仅是一种上好的提神饮料，还可以改善人们的心情，减轻头痛，经常适量饮用还能减低罹患糖尿病、帕金森病及结肠癌的危险。①

咖啡有以下常见功效。

（1）咖啡因具有醒脑提神的效果，会令人感到兴奋，减轻肌肉疲劳感，工作效率提升。

（2）能提高心脏机能，使血管扩张，促进血液循环，减轻头痛，令精神舒畅。

（3）可以抑制副交感神经的兴奋引起的气喘。

（4）帮助消化，特别是食用过多肉类时，胃液分泌多，饮用咖啡可促进消化，防止胃下垂。

（5）咖啡因有消除蒜味功效，又含有槟榔类物质，所以在品尝味道浓重的料理后，可饮用咖啡来除味。

（6）有脱臭效果。研磨咖啡冲泡过的残渣放于容器中，干燥后放入冰箱或鞋箱中可以当作脱臭剂。

（二）饮用礼仪

1. 咖啡杯的用法

在餐后饮用的咖啡，一般都是用袖珍型的杯子盛出。这种杯子的杯耳较小，手指无法穿出去。但即使使用较大的杯子，也不要用手指穿过杯耳再端杯子。咖啡杯的正确拿法，应是拇指和食指捏住杯耳再将杯子端起。

2. 咖啡加糖方法

给咖啡加糖时，砂糖可用咖啡匙舀取，直接加入杯内，也可先用夹子把方糖夹在咖啡碟的近身一侧，再用咖啡匙把方糖加在杯子里。如果直接用糖夹子或手把方糖放入杯内，有时可能会使咖啡溅出，从而弄脏衣服或台布。

3. 咖啡匙的用法

咖啡匙是专门用来搅拌咖啡的，饮用咖啡时应当把它取出来。不要用咖啡匙舀着咖啡一匙一匙地慢慢喝，也不要用来捣碎杯中的方糖。

4. 冷却咖啡

刚刚煮好的咖啡太烫，可以用咖啡匙在杯中轻轻搅拌使之冷却，或者等待其

① 马梦媛. 咖啡研究新发现[J]. 中国保健食品，2008(2)：18-19.

自然冷却，然后再饮用。试图用嘴把咖啡吹凉，是很不文雅的行为。

5. 杯碟的使用法

盛放咖啡的杯碟都是特制的。它们应当放在饮用者的正面或者右侧，杯耳应指向右方。饮咖啡时，可以用右手拿着咖啡的杯耳，左手轻轻托着咖啡碟，慢慢地移向嘴边轻啜。不宜满把握杯子，大口吞咽，也不宜俯首就咖啡杯。喝咖啡时，不要发出声响，添加咖啡时，不要把咖啡杯从咖啡碟中拿起来。

6. 咖啡品尝方法

咖啡的味道有浓淡之分，所以，不能像喝茶或可乐一样，连续喝三四杯，普通喝咖啡以 80~100cc 为宜，若想连续喝三四杯，要将咖啡的浓度冲淡，或加入大量的牛奶，不要产生腻或恶心的感觉，而在糖分的调配上也不妨多些变化，使咖啡更具美味。趁热喝是品美味咖啡的必要条件，即使是在夏季，也是一样的。

7. 会客中的咖啡

在家里请客人喝咖啡，作为主人不要帮助客人操作，特别是当客人也是咖啡爱好者的时候，让他们自己动手加奶或加糖，这是对客人口味的尊重。另外，你还要细心地为懂得喝咖啡的行家准备一杯凉开水，使客人能在凉开水和咖啡之间交替品尝出咖啡的口味。

在朋友家里做客喝咖啡时，不必客气，将咖啡趁热喝完才显得有礼貌。不过，不要一口气把咖啡喝完，而要慢慢啜饮，如果只顾聊天，冷落咖啡使它冷却，那才是浪费主人的一份心意。

（三）饮用禁忌

（1）切记咖啡不宜与茶同时饮用。茶和咖啡中的鞣酸可使人体对铁的吸收减少 75%。

（2）茶叶和咖啡中的单宁酸，会让钙吸收降低。所以，喝茶和喝咖啡的时间，最好是选在两餐当中。

（3）孕妇大量饮用含咖啡因的饮料后会出现恶心、呕吐、头痛、心跳加快等症状。

（4）不少医生认为，孕妇每天喝 1~2 杯（每杯 6~8 盎司）咖啡、茶或碳酸类饮料不会对胎儿造成影响。但咖啡因可导致流产率上升，所以孕期应喝不含咖啡因的饮料。

（5）儿童不宜喝咖啡。咖啡因会刺激儿童中枢神经系统，干扰儿童的记忆，引发注意力缺陷。

（6）浓茶、咖啡、含碳酸盐的饮料也是形成消化道溃疡的危险因子之一，所以患有胃部疾患者不宜多饮咖啡。

（7）咖啡的饮品中包含有咖啡因，因此极易引起耳鸣。

（8）咖啡不可以与布洛芬同吃。解热、镇痛和消炎的常用药布洛芬对胃黏膜有刺激作用，而咖啡、可乐中的咖啡因也会刺激胃黏膜，促进胃酸分泌。如果服用布洛芬后立即喝咖啡，会进一步加剧对胃黏膜的刺激。

（9）喝完咖啡不宜立即抽烟，咖啡里的某些成分和香烟相结合会产生致癌物质。

第二节　可　　可

可可是世界上重要的热带经济作物，它既是当今世界三大嗜好性饮料之一，也是巧克力的重要原料，更是各种甜食品、焙烤食品和小吃食品的香料成分。随着消费者食品结构和消费习惯的变化，全世界对可可的需求量日益增加。

一、可可概述

可可（cacao）是原产美洲热带的常绿乔木，梧桐科，果实可做饮料和巧克力糖，营养丰富，味醇且香。

可可树树干坚实，高可至 12 米，其椭圆形呈皮革状之叶长至 0.3 米，伸展如伞盖。花粉红色，小而有臭味，直接生在枝干上。可可果长度可达 35 厘米，直径 12 厘米，呈卵形，表面有 10 条脊，黄棕色至紫色，可可果含种子（可可豆）20~40 粒，豆长约 2.5 厘米，包于粉红色有黏性的果肉中。可可树一般栽培 5 年后，每年每株产豆荚 60~70 枚。采收后，豆自荚中取出，发酵若干天，经一系列加工程序，包括干燥、除尘、烘焙及研磨，呈浆状，称巧克力浆，再压榨出可可脂和可可粉，或另加可可脂及其他配料，制成各种巧克力。可可豆为制造可可粉和可可脂的主要原料，而可可脂与可可粉主要用作饮料，制造巧克力糖、糕点及冰淇淋等食品。可可干豆可作病弱者的滋补品与兴奋剂，还可做饮料。

可可多用种子繁殖，但也有用芽接的，种植后 4~5 年开始结果，10 年以后产量大增，40~50 年后则产量逐渐减少。

可可原产于南美洲亚马孙河上游的热带雨林，主要分布在赤道南北纬 10° 以内较狭窄地带，现广泛栽培于全世界的热带地区。主要生产国为加纳、巴西、尼日利亚、科特迪瓦、厄瓜多尔、多米尼加和马来西亚，主要消费国是美国、德国、俄罗斯、英国、法国、日本和中国。1922 年，中国台湾引入可可试种，海南兴隆华侨农场于 1954 年引入。我国热带香料饮料研究所自 20 世纪 60 年代开始进行引种试种研究，对可可的生物学特性、适应性等进行了系统的研究，积累了一套可可种植经验[①]，但至今尚未大面积种植，所以可可豆主要靠进口。我国海南和云南南部也都有栽培，生长良好。

二、可可的起源

可可从南美洲传到欧洲、亚洲和非洲的过程是漫长而曲折的。16 世纪前可可还不被生活在亚马孙平原以外的人所知，那时它还不是可可饮料的原料。因为种子十分稀少珍贵，所以当地人把可可的种子——可可豆，作为货币使用，名叫“可可呼脱力”。16 世纪上半叶，可可通过中美地峡传到墨西哥，接着又传入印加帝国在今巴西南部的领土，很快为当地人所喜爱。他们采集野生的可可，把种仁捣碎，加工成一种名为“巧克脱里”（意为“苦水”）的饮料。16 世纪中叶，欧洲人来到美洲，发现了可可并认识到这是一种宝贵的经济作物，他们在“巧克脱里”的基础上研发了可可饮料和巧克力。16 世纪末，世界上第一家巧克力工厂由当时的西班牙政府建立起来。可是一开始一些贵族并不喜欢可可做的食物和饮料，甚至到 18 世纪，英国的一位贵族还把它看作“从南美洲来的痞子”。可可定名很晚，直到 18 世纪，瑞典的博学家林奈才为它命名为“可可树”。后来，巧克力和可可粉在运动场上成为最重要的能量补充剂，人们便把可可树誉为“神粮树”，把可可饮料誉为“神仙饮料”。

三、可可豆与可可粉

（一）可可豆

可可豆也称可可子，可可树的果实，是长卵圆形坚果的扁平种子，含油 53%～58%，榨出的可可脂有独特香味及融化性能。它们在外形上与其他坚果仁和籽类（如杏仁和葵花籽）非常相似，剥开可可豆荚，可可粒就像是杏仁和葵花籽装在一个保护外壳中。可可粒就是可可豆中可供人类食用的部分，也是人们加工成可可粉和巧克力的原料。

---

① 朱自慧. 世界可可业概况与发展海南可可业的建议[J]. 热带农业科学，2003，23(3)：28-33.

1. 形态特征

树干：高可达 12 米，乔木，枝广展，小枝有褐色短柔毛。树干坚实，树冠繁茂。

叶：互生，椭圆形，革质，长 20~30 厘米，脉上呈星状毛。

花："老茎生花"，花直接开在树干或主枝上，直径约 1.8 厘米；萼粉红色，有臭味；下部凹陷呈盔状，上部匙形向外反卷；雄蕊花丝基部合生成筒状，退化雄蕊呈线形，发育雄蕊 1~3 枚聚成 1 组，和退化雄蕊互生。

种子，即可可豆，一个果实内有 20~40 粒种子，每粒种子外面附有白色胶质，可以通过发酵除去。种子呈卵形，长 2.5 厘米。

可可豆比咖啡豆大一些扁一些，中间的凹痕比咖啡豆浅一些，呈波浪形。

2. 主要成分

可可豆约含水分 5.58%，脂肪 50.29%，含氮物质 14.19%，可可碱 1.55%，其他非氮物质 13.91%，淀粉 8.77%，粗纤维 4.93%，磷酸 40.4%，钾 31.28%，氧化镁 16.22%。可可豆中还含有咖啡因等令神经中枢兴奋物质以及丹宁，丹宁与巧克力的色、香、味有很大关系。可可脂的熔点接近人的体温，具有入口即化的特性，可在室温下保持一定的硬度，并具有独特的可可香味，有较高的营养价值，不易氧化，是制作巧克力的主要原料。可可饼可制成可可粉，可可粉富含碳水化合物、脂肪、蛋白质、B 族维生素。

3. 可可豆的种类

可可豆的种类非常多样，人们把它们归为三大类：福拉斯特洛、克里奥罗以及特立尼达。其中，绝大部分（高达 80%以上）可可豆都属于福拉斯特洛种，而它也被公认为可可豆中的基础种，产量最高，是可可工业的骨干角色。这种可可豆气味辛辣，苦且酸，相当于咖啡豆中的罗布斯塔，外观颜色深沉，且拥有低、中味阶的巧克力香气，主要用于生产普通的大众化巧克力。西非所产的可可豆就属于此种，另外在马来西亚、印度尼西亚、巴西等地也有大量种植。这种豆子需要剧烈的焙炒来弥补风味的不足，正是这个原因，大部分黑巧克力带有一种焦香味。虽然福拉斯特洛种能给烘焙师提供巧克力的质朴味道，但相比克里奥罗种，在余香方面则还是稍逊一筹。

克里奥罗种可可豆凭借其丰满的果香被可可业界称为上等香味可可豆，是可可中的佳品，香味独特，但产量稀少，相当于咖啡豆中的阿拉比卡咖啡豆。主要生长在委内瑞拉、加勒比海、马达加斯加、爪哇等地。"高档""贵族"这样的辞藻常常被用于形容如克里奥罗这样的由上等可可豆制作的巧克力产品，可见其质量之高。另外，虽然这种可可豆苦涩度特别低，但一般都经过低程度的烘烤，所以它们保持着更多来自原生豆的天然酸味。由于克里奥罗种的产量低，可可树也因易受病菌影响而难以栽种，所以它的价格特别昂贵。目前全球可可豆总产量中仅有不高于2%是克里奥罗种，而且由于被拥有更强壮树体的品种代替，它的产量越来越少。中南美、加勒比以及印度地区都是克里奥罗的著名产区。

特立尼达种可可豆因为拥有福拉斯特洛种和克里奥罗种的特点，人们一般认为它就是介乎两者间的交集品种。它结合了前两种可可豆的优势，产量约占全球总产量的15%，与克里奥罗一样被视为可可中的珍品，用于生产优质巧克力，因为只有这两种豆子才能保证优质巧克力所需的酸度、平衡度和复杂度。绝大多数特立尼达种都香味较为浓郁，但余香比克里奥罗种稍为逊色，像福拉斯特洛种那样，特立尼达种的可可树都很健壮。这是因为18世纪的特立尼达拉岛克里奥罗种可可树被枯萎病毁坏，人们引入福拉斯特洛种，在这样的大环境下，特立尼达种首度被杂交产出。

非洲可可豆约占世界可可豆总产量的65%，大部分被美国以期货的形式买断，但是非洲可可豆绝大部分是福拉斯特洛种，只能用于生产普通大众化的巧克力，而欧洲的优质巧克力生产商会选用优质可可种植园里面所产的最好的豆子，有的甚至还有自己的农场，如法国著名巧克力生产商VALRHONA。

4. 种植

（1）生长习性

可可豆的产地主要是分布于赤道南、北纬约20度以内的区块。炎热多雨的环境是最适合可可豆生长的。不同地区的可可豆有不同的风味，有的会带点果香，有的则是有烟熏的风味。现今可可豆主要的产地有中南美洲、西非及东南亚三地。

可可树喜生于气候湿润和富有有机质的冲积土所形成的缓坡上，在排水不良和重黏土上或常受台风侵袭的地方则不适宜生长。可可种植园通常位于谷地或沿海平原，必须有均匀分布的丰沛的降雨量，肥沃、排水通畅的土地。

（2）可可树寿命

可可树是常绿树种，它硕大光滑的叶子在幼年时是红色的，成熟之后则变成绿色。在成熟期，人工种植可可树有15~25英尺高，野生可可树高度可达60英尺以上。可可树的预期寿命目前仍在猜测中，一般认为25年后，一棵可可树的经济作用就可能到了终点，这时就需要重新种植年轻的可可树来取代它。

5. 采摘

经过精心培植和修剪，大多数种类的可可树会在第五年开始结果。如果给与最好的护理，一些树种甚至在第三和第四年就有好的收成。可可树全年都结果，而收获却通常是季节性的。

采摘成熟可可豆荚绝非易事，可可树脆弱而且根基浅，工人不能冒险爬上去摘高处枝上的豆荚。种植者为到地里干活的采摘工人配备了长把、手形钢刀，以够到并剪下最高的豆荚而不伤可可树的软树皮，随身携带的大弯刀则被用来采摘长在低枝干上的够得着的豆荚。收集者会同采摘者一同工作，将豆荚收集到篮中并运到田地的边上，在那里将豆荚破碎。如果方法得当，只要挥舞一两下大弯刀就可以劈开豆荚的木质外壳，一个训练有素的破碎者每小时能够劈开 500 个豆荚。

通常从一个标准豆荚里都要挖出 20~40 粒乳白色的可可豆，然后丢弃豆荚的外壳和内膜。一个普通豆荚中经过干燥的可可豆不到 58 克重，所以制造 1 磅巧克力需用约 400 粒可可豆。

可可豆与我们所熟悉的最终产品有很大差别，乳白色的可可豆暴露在空气中，很快就变成了淡紫色或紫色。此时，它们看上去并不像制成的巧克力，闻上去也没有熟悉的巧克力芳香。

6. 储存

从豆荚中取出的可可豆或种子被装进盒子或堆积起来包装，包裹着可可豆的是一层开始升温和发酵的果肉，持续发酵 3~9 天，去除可可的苦味，并产生出具有巧克力特点的原料。

发酵是可可豆中所含糖分转化为酸——主要是乳酸和醋酸的简单过程。发酵过程导致可可豆温度升到 125 华氏度，杀死其中的细菌，并激活存在着的酵素，形成烘烤可可豆时产生巧克力味道的混合物。最后生成了深棕色的经过充分发酵的可可豆，出现上述这种颜色表明可可豆准备进入干燥过程。

像所有饱含水分的水果一样，如果要保存可可豆的话，就必须将它们干燥。在有些国家，干燥工序十分简单，只是把可可豆铺在盘上或竹垫上，放在阳光下晒烤即可。当潮湿的天气干扰了这种干燥法时，人工方法才得以应用。例如，在阴雨天气或者寒冷的冬季，可可豆可能被带进室内，在热气管下干燥。

如果有良好的天气，干燥过程通常需要几天，在这个间隙，农人须经常翻动可可豆。他们利用这一机会挑选外运的可可豆，并将扁平、破碎或发芽的可可豆拣出来。在干燥中，可可豆会失去几乎所有的水分和超过一半的重量。可可豆干燥完成后，以每袋 130~200 磅[①]装运，它们很少被存入仓库，除非在等待买主检查的装运中心。

（二）可可粉

1. 可可粉的用途

从可可树结出的豆荚里取出的可可豆，经发酵、粗碎、去皮等工序得到可可饼，由可可饼脱脂粉碎之后的粉状物，即为可可粉。可可粉按其含脂量分为高、中、低脂可可粉，按加工方法不同分为天然粉和碱化粉。可可粉具有浓烈的可可香气，可用于制作高档巧克力、饮品，或作为牛奶、冰淇淋、糖果、糕点等食品的辅助食品。

天然可可粉是由可可豆磨制而成的棕褐色粉末，味苦、香味浓郁，含有蛋白质、多种氨基酸、高热量脂肪、铜、铁、锰、锌、磷、钾、维生素 A、维生素 D、维生素 E、维生素 B 族及具有多种生物活性功能的生物碱，主要用于调色或增香。

可可粉是巧克力的魅力所在。研究者发现，巧克力中富含的可可粉可以减少高胆固醇对动脉的影响。当然，他们研究的是低脂的可可粉提取物，而不是普通的高脂巧克力块或巧克力热饮。

2. 可可粉的功效

（1）可可粉中含有一种名为黄烷醇的植物化学成分，能有效治疗心脏病、糖尿病、高血压以及血管性疾病等，在红葡萄酒和红茶中也有这种成分。

（2）天然可可粉中的生物碱能够健胃、刺激胃液分泌，促进蛋白质消化，减少抗生素不能解决的营养性腹泻。

（三）从可可豆到巧克力

巧克力的制作是一项极复杂的工艺，需要大量的时间和极大的耐心。工厂的制作方法各有不同，但有一个各处都适用的总的工序模式，也正是这种模式使巧克力行业有别于其他行业。

1. 烘烤之前

在等待进入混合工序时，可可豆被细心地储存起来。仓储区必须与建筑物的

---

① 1 磅≈453.59 克。

其他区域隔离开来。只有这样，敏感的可可豆才不会与强烈的气味接触；否则，它们会像嗅气味一样吸入那些气味。

生产巧克力的第一步是可可豆除杂。在这一步骤里，通过除杂机去除干的可可果肉、豆荚片和其他以前没有去掉的异物。

为了获得巧克力特有的芳香，可可豆被置于一个巨大的旋转滚筒内烘烤。烘烤持续 30~120 分钟，温度在 250 华氏度以上。烘烤时间和温度取决于可可豆品种和所需最终结果的不同。可可豆不断地被翻转、烘干，颜色变成了深棕色，巧克力特有的芳香也越来越浓郁了。

2. 烘烤之后

烘烤之后，可可豆很快地冷却，它们在烘烤中变得很脆的薄薄的外壳被去除。在多数工厂，这一过程通过风扇破碎机来完成。这台机器使可可豆在锯齿状的圆锥间通过，这样，可可豆就被破碎而不是被压烂。在这一过程中，当风扇将轻薄的外壳从果肉或“碎粒”中吹去时，一系列机械筛将这些碎粒分离成大小不同的颗粒。

包含 53%可可脂的可可豆碎粒接下来被运往工厂，它们在大石磨或重铁盘间被压碎。这一过程产生了足以使可可脂液化的摩擦热量，形成了商业上所谓的巧克力浆。

这种液体被注入模子，并得以凝固，产生的块状物就是不甜或苦的巧克力。直到此处，可可粉和巧克力的制作还是完全相同的。

3. 精炼

精炼是一道“捏揉”巧克力风味的工序，它最初得名于采用的贝壳外形的容器。巧克力“精炼机”(conches) 装着很重的滚子在巧克力团中前后来回地犁上几小时到几天。在规定的速度下，这些滚子对巧克力味道的开发和调整起着不同程度的作用。在有些生产组织里，一种乳化操作代替了精炼及其附加工序。这种操作过程通过一个类似打蛋机的机器执行，机器打碎糖晶体和巧克力混合物中的其他微粒，使其具有平滑的口感。

巧克力混合物经过乳化或精炼机后进入冷却、再加热，最后是调温阶段，即加热并注入模子做成成品的形状。

4. 准备装运

注入模子的巧克力到达冷却室后，冷却在固定温度下以确保味道原封不动。

然后，把巧克力块从模子中取出，传输到包装机中进行包装并准备运送给批发商、糖果商和其他遍及全国乃至全世界的消费者。

为方便起见，如果准备给其他的食品生产者使用，巧克力通常在液态下运输。无论固体还是液体，它都给糖果、糕饼和冰淇凌等产品提供了最受欢迎的味道。此外，美国巧克力总产量的一部分被制成糖衣状、粉末状或调味品，它们以千百种方式给我们的食物添加风味。

四、可可的主要成分与功效

（一）主要成分

可可含油酸、亚油酸、硬脂酸、软脂酸，蛋白质，维生素 A、维生素 B 族、维生素 D、维生素 E，矿物质钙、镁、铜、钾、钠、铁、锌，纤维素，多酚，包括低聚体类黄酮物质，如黄烷醇低聚体-原花青素和单体儿茶素，以及多聚体单宁，还有苯乙胺、可可碱等。此外，可可含有 500 多种芳香物质，熔点低，为 35℃~37℃，味道和口感令人回味无穷。

（二）可可的功效

1. 控制食欲

可可富含可可脂、蛋白质、纤维素、多种维生素和矿物质；营养全，可吸收碳水化合物很少，不到 10%。所以，可可属于露卡素绿灯食品，吃可可容易有饱腹感，并对血糖影响很小，可以控制体重。

2. 美肤美容

可可中丰富的原花青素和儿茶素以及维生素 E 具有很强的抗氧化作用。这些抗氧化剂和可可中的维生素 A、矿物质锌有美肤美容、去痘除疤的功效。

3. 赏心悦口

可可中的“完美祝福素”（anadamide）能够使你心旷神怡，神清气爽。可可含有 500 多种芳香物质，这是在实验室里无法模仿合成的。可可的熔点为 35℃~37℃，与人的口腔及血液温度一样，所以入口即化，同时促使大脑分泌内啡呔。

4. 聚精提神

可可中的可可碱可以使人思维敏锐，精力集中。可可中的色氨酸和镁可以产生血清素，使人变得冷静。

5. 降脂护心

食用可可能够改善心血管功能，富含类黄酮的植物性食品可以降低犯心血管疾病的风险。黄烷醇和原花青素是可可中主要的类黄酮，它们可以延长体内其他抗氧化剂，如维生素 E、维生素 C 的作用时间，同时还可以促进血管舒张，降低炎症反应和降低血凝块形成，从而起到预防心血管病的作用。

可可中丰富的原花青素和儿茶素具有很强的抗氧化作用，可以减少低密度脂蛋白胆固醇（LDL），增加高密度脂蛋白胆固醇（HDL）。这种作用由可可中的亚油酸、油酸和软脂酸所强化，此外可可中的硬脂酸对胆固醇没有影响。

6. 清口固齿

可可能够清理口腔，防止牙龈结石和蛀牙。可可中的单宁和多酚可以有效防止牙龈结石和蛀牙的形成。

7. 抗氧化益寿

可可能够降低犯心血管病和癌症等疾病的风险，延长寿命。维生素 E 是可可中最主要的维生素，原花青素是可可中最主要的多酚。它们是主要的自由基清除剂，能够保护机体免受氧化损伤。因此，它们对心血管病、癌症及衰老有预防作用。

五、可可的品质鉴别

1. 看颜色

（1）天然可可粉的颜色应该是浅棕色，若呈现棕色甚至是深棕色，里面一定是加入了可可皮或是其他的食用色素。

（2）碱化可可粉的颜色应该是棕红色，如果是深棕色或是棕黑色，一定是碱化过重，灰粉含量过多。

（3）可可黑粉的颜色应该是深棕色到棕黑色，如果颜色是纯黑色甚至是深黑色，说明可可粉里加入了食用色素。

2. 气味辨别

（1）天然可可粉的气味应是天然的可可香味，有淡淡的清香，浓香或是有焦味的可可粉则为品质较差的粉。

（2）碱化可可粉的气味应该是正常的可可香味，其香气比天然可可粉的要浓一些，但并没有焦味。如果碱化可可粉的香气太浓或是有焦味则为品质较差的粉。

（3）可可黑粉的气味和碱化可可粉差不多，因为黑粉是碱化可可粉中的重碱化，很容易有焦味，没有焦味的为上品，有焦味的则较差。

3. 细度辨别

可可粉的细度对于生产巧克力来说非常重要，细度不达标的可可粉生产出来的巧克力口感很差，并且具有粗糙感。辨别可可粉的细度有两种方法。一是取少量可可粉放于白纸上，用手轻轻折叠并擦拭。细度在 99 以上的粉会很均匀分布在纸上，而细度小于 99 的粉则会有差落感，分布不均匀。二是取一些可可粉用开水冲兑，等水凉了就会有部分可可粉沉淀到杯子底部。这时把上面的水倒掉，取出下面的沉淀物放到纸上，用手轻轻擦拭。等水干燥后，细度在 99 以上的粉应当没有结块，分布均匀，而细度小于 99 的粉会有颗粒状，分布也不太均匀。

4. 含脂量辨别

取少量的可可粉置于手掌心，两手对搓，含脂量 10%以上的可可粉会有明显的油腻感，含脂量在 8%以下的可可粉基本上感觉不到油腻感。

第四章

谷物酿造酒

第一节 啤　酒

啤酒是历史记载最古老的酒精饮料，是世界上消耗量排名第三，位于水和茶之后的饮料。啤酒于 20 世纪初传入中国，属于外来酒种，是由英语“beer”译成中文“啤”，称其为“啤酒”，且沿用至今。

啤酒的主要原料为大麦芽，淀粉类辅料为大米，在此基础上，加入啤酒花，经过液态糊化和糖化，再经过液态发酵酿制而成。其酒精含量较低，具有人们喜爱的风味，含有蛋白质、维生素、矿物质等多种营养成分，容易被人体吸收利用。研究表明，啤酒还具有促进胃液分泌、抗心血管疾病、抗肿瘤等生理功能。[①]另外，人体很易消化吸收其中的低分子糖和氨基酸，在体内产生大量热能，因此啤酒又往往被人们称为“液体面包”。

一、啤酒的起源与发展

（一）啤酒的起源

1. 大自然的佳酿，意外的发现

啤酒最早起源于西亚，其酿造始祖是苏美尔人。公元前 4000 年左右，苏美尔人偶然发现将野生的大麦、小麦浸泡在水里，会变成黏糊状。在露天的空气中，在酵母菌的作用下自然发酵，产生泡沫，颜色逐渐加深，喝过的人感觉很美味。苏美尔人为了能经常喝到这种美味的液体，有意识地大量收割野生谷物并保留种子，尝试人工栽培，用以获得足量的谷物来制造这种液体，啤酒就这样诞生了。

2. 古埃及人把古代啤酒推向高峰

公元前 2000 年左右，苏美尔王朝彻底崩溃，美索不达米亚平原被古巴比伦人接管，他们继承和发展了古代啤酒的酿造技术，可以酿造 20 种不同的啤酒。公元

---

① 杨荣华，周凌霄.啤酒的功能性[J]. 中国酿造，2000，19(5)：4-5.

前 1780 年，古巴比伦人最先把啤酒输送到其他地区，古埃及人非常喜爱他们生产的一种窖藏啤酒。随后，古代啤酒被古埃及人推向高峰，他们开始种植谷物，用于酿造啤酒，并在古巴比伦人的研究成果之上掌握了用露天放置的水促使谷物发芽技术。

3. 成为“生命之水”

公元前 48 年，古罗马帝国统治者恺撒雇用军队在地中海南岸的古埃及托勒密王朝发生王位之战期间，学会并干预了酿造啤酒的技术，啤酒酿造技术由此传入欧洲。5 世纪前后，由于瘟疫和战争霍乱的困扰，饮用水成为欧洲最严峻的问题。而啤酒的制造工艺过程很安全，成为人们日常生活的必需品，被称为“生命之水”。

4. 液体面包

欧洲啤酒业开始于中世纪初期，主要以家庭酿造的小作坊为主，并由妇女酿造。在新娘出嫁时，啤酒酿造的各种工具是嫁妆的一部分。大规模的啤酒作坊出现于中世纪后期，那时，教堂和修道院在欧洲各地大量涌现，修道士在每年复活节为期六周的“四旬斋”期间不能吃肉，缺乏营养，便将营养丰富的啤酒作为液体面包。修道士还对啤酒酿造技术进行研究和改良，并大量酿造啤酒。

5. 啤酒产业高速发展

1040 年，世界上最古老的啤酒厂也是世界上第一家啤酒厂在德国魏亨斯蒂芬修道院建成，现在成为慕尼黑啤酒学院。19 世纪中叶，德国啤酒工业在科学技术的催化下发生了急剧的变化，德国人应用汉森发明的酵母纯粹培养法等技术，促进了啤酒业的快速发展。19 世纪末，德国啤酒业进入工业化生产以后，生产规模不断扩大，已经开始用新的机械来代替旧的手工操作，虽然全部的发酵设备仍是木质结构，但是设备容量已经明显加大，完全摆脱了过去小锅小灶的作坊式生产。高品质的德国啤酒开始向英国、荷兰、比利时大量出口，甚至远销印度等国家，成为当时德国对外贸易的重要商品。

6. 科学技术的应用实现了啤酒生产的现代化

在啤酒的实际生产中，由于现代科学技术被迅速应用，啤酒业在很短的时间内实现了机械自动化。啤酒原料储藏由最初的普通仓麻袋堆放变为立仓储藏，进一步发展为混凝土立仓的堆放，再到今天能有效解决防潮、通风、降温、杀虫等问题的镀锌钢卷板仓储藏。啤酒的糖化和发酵设备也由陶罐酿酒、橡木桶发酵发展为今天的金属容器发酵。20世纪前期，德国进入啤酒工业的大发展时期，啤酒酿造工艺和设备的发明创造都有了长足的发展。20世纪80年代后期，随着电脑技术的普及和应用，仪表、阀门的不断改进完善，计算机程序控制自动化被广泛应用于啤酒生产，真正实现了啤酒生产的现代化。

（二）啤酒的发展历程

1. 啤酒在世界的发展

啤酒的起源与谷物的起源有很大的关系，人类使用谷物制造酒类饮料已有8000多年的历史。公元前4000年，美索不达米亚地区已能用大麦、小麦、蜂蜜制作16种啤酒，公元前3000年起开始使用苦味剂。公元前18世纪，在古巴比伦国王汉谟拉比颁布的法典中，已有关于啤酒的详细记载。

公元前1300年左右，埃及的啤酒作为国家管理下的优秀产业得到高度发展。拿破仑的埃及远征军在埃及发现的罗塞塔石碑上的象形文字表明，公元前196年左右当地已盛行啤酒酒宴。啤酒的酿造技术是由埃及通过希腊传到西欧的，1881年，E.汉森发明了酵母纯粹培养法，使啤酒酿造科学得到飞跃性的进步，由神秘化、经验主义走向科学化。蒸汽机的应用以及1874年林德冷冻机的发明，使啤酒的工业化大生产成为现实，全世界啤酒年产量已居各种酒类之首。

啤酒产业在迅速发展，但很多国家对酒的生产和消费等有关行为是约束禁止的，许多国家对啤酒也实行了一些限制措施。例如，美国颁布了禁酒令，依据1919年1月16日批准的美国第18宪法修正案和1919年10月28日通过的《沃尔斯泰德法》（Volstead Act）来实行，在1920年1月16日第18宪法修正案生效日开始执行，由联邦禁酒探员（警察）执法。推行禁酒令的驱动力主要来自共和党和禁酒党。美国禁酒令只针对酒的制造、贩卖和运输，不针对酒的持有和饮用，因此在第18宪法修正案前购买或制造的酒在整个禁酒令时期都可以合法供应。

禁酒令显著影响着美国酿酒产业。禁酒令结束后，之前存在的酿酒厂大约只有一半可以重新开始营业，许多小型的酿酒厂就此永久倒闭。因为只有大型酿酒厂得以存活，所以美国啤酒被批评为缺乏个性、是大量生产出来的日用品，许多啤酒评论家悲叹美国啤酒品质的下降和种类的减少。弗利次·梅塔格（Fritz Maytag）提倡的小型酿酒革命帮助美国酿酒业从禁酒令后的忧郁期醒来。

2. 啤酒在中国的发展

19世纪末，啤酒慢慢传入中国。当时中国的啤酒业发展缓慢，分布不广，产量不大。1949 年后中国啤酒工业发展较快，逐渐摆脱了原料靠进口的落后状态。1954 年，中国啤酒开始进入国际市场，但出口量很低，1980 年开始迅猛增长。

由于严重的供过于求的矛盾长期存在，我国的啤酒行业是国内饮料市场竞争最激烈的行业之一。大多数品牌都还处于地域性品牌阶段，品牌知名度和市场影响力较低，而且产品主要是低档产品，市场竞争也主要集中于低档产品，中高档以上的啤酒市场大部分被洋啤酒瓜分。随着啤酒市场竞争的日益加剧，为了能够更加迅速有效地实现最终消费，越来越多的啤酒企业将目光集中到了终端，争夺战日益激烈。中高档啤酒市场更是如此，成为餐饮、娱乐终端市场的消费主流。在经济水平较好的大中城市，除低档的地摊、大排档、小餐馆等外，中高档啤酒附加值高，因此开拓中高档啤酒市场是提高企业经济效益的重要途径，中高档啤酒市场容量会不断扩大，前景非常广阔。

二、啤酒的分类与制作过程

（一）啤酒的分类

1. 按工艺分类

（1）纯生啤酒。这种啤酒采用特殊的酿造工艺，严格控制微生物指标，使用 0.45 微米微孔过滤的三级过滤，不进行热杀菌，令让其保持较高的生物、非生物、风味稳定性，口感新鲜，保质期达半年以上。

（2）干啤酒。该啤酒由于含糖量低，属于低热量啤酒，又因其发酵度高，二氧化碳含量高，所以具有口味干爽、杀口力强的特点。

（3）全麦芽啤酒。遵循德国的纯酿法，原料全部采用麦芽，不添加任何辅料。虽然生产出的啤酒成本较高，但麦芽香味突出。

（4）低（无）醇啤酒。这是基于消费者对健康的追求，推出的酒精摄入量低的新品种，其酒精含量应少于 0.5%。它的生产方法与普通啤酒的生产方法一样，但最后需要经过脱醇，将酒精分离。

（5）小麦啤酒。添加小麦芽生产的啤酒，生产工艺要求较高，储藏期较短，酒液清亮透明，色泽较浅，口感淡爽，苦味轻。

（6）浑浊啤酒。含有一定量的酵母菌或显示特殊风味的胶体物质，是浊度≥ 2.0EBC 的啤酒。

（7）果蔬汁型啤酒。添加一定量的果蔬汁，并保持啤酒的基本口味，具有特征性理化指标和风味。

2. 按酵母分类

（1）顶部发酵啤酒（top fermenting，又称 ale）：在发酵过程中，液体表面大量聚集泡沫发酵。使用该酵母发酵的啤酒适合 16℃~24℃的环境。

（2）底部发酵啤酒（bottom fermenting，又称 lager）：在底部发酵的啤酒酵母，发酵温度要求以及酒精含量较低，其典型代表为国内常喝的窖藏啤酒。

3. 按色泽分类

（1）淡色啤酒（pale beers）

淡色啤酒的色度为 5~14EBC，是产量最大的一类啤酒。按色泽的深浅，它又可分为以下三种。

① 黄色啤酒。此种啤酒大多采用色泽极浅、溶解度不高的麦芽为原料，糖化周期短，口味多属淡爽型，酒花香味浓郁。

② 金黄色啤酒。此种啤酒采用色泽呈淡黄色、溶解度略高的麦芽为原料，因此色泽呈金黄色，其产品商标上通常标注“gold”一词，以便消费者辨认。其口味醇和，酒花香味突出。

③ 棕黄色啤酒。此类啤酒采用溶解度高的麦芽为原料，由于烘烙麦芽温度较高，所以麦芽色泽深，酒液黄中带棕色，接近浓色啤酒。其口味较粗重、浓稠。

（2）浓色啤酒（brown beer）

浓色啤酒色泽呈红棕色或红褐色，色度为 14~40EBC。浓色啤酒麦芽香味突出、口味醇厚、酒花口味较轻。

（3）黑啤（stout beer）

黑啤色泽呈深红褐色乃至黑褐色。黑色啤酒麦芽香味突出、口味浓醇、泡沫细腻，根据产品类型苦味有较大差异。

4. 按杀菌情况分类

（1）鲜啤酒（draught beer）：不经巴氏热灭菌的啤酒。这种啤酒味道鲜美，但容易变质，保质期仅为 7 天左右。

（2）熟啤酒（pasteurized beer）：鲜啤酒经过巴氏灭菌法处理即成为熟啤酒，也叫杀菌啤酒。经过杀菌处理后的啤酒稳定性好，保质期可达 90 天以上，而且便于运输。熟啤酒的口感不如鲜啤酒，超过保质期后，酒体会慢慢老熟和氧化，并产生异味、沉淀、变质等现象。

5. 按原麦浓度分类

低浓度啤酒，即原麦汁浓度小于10%的淡色啤酒。

中浓度啤酒，即原麦汁浓度为10%~13%的淡色啤酒。

高浓度啤酒，即即原麦汁浓度大于13%的淡色啤酒。

（二）啤酒的制作过程

1. 啤酒的生产原材料

啤酒的主要原料麦芽由大麦制成。大麦是一种坚硬的谷物，比其他谷物成熟得快，正因为它比小麦、黑麦、燕麦出麦芽快，所以才被选作酿造啤酒的主要原料。大麦必须通过发麦芽的过程将内含的难溶性淀料转变为适用于酿造工序的可溶性糖类。除了一般的麦芽，也可以是结晶麦芽或烘烤过的麦芽。经由蒸汽处理的麦芽是结晶麦芽，慢慢炖煮后再干燥处理，它的颜色较黑，并有如咖啡般的味道。烘烤过的麦芽则经干燥后并在热度较高的回转鼓室中烘烤处理，它能使啤酒含有焦味，颜色变黑。产地不同，麦芽的品质会有很大的区别。总的来说，全世界有澳洲、北美洲和欧洲这三大啤酒麦产地。其中，澳洲啤酒麦芽讲求天然、光照充足、不受污染和品种纯洁，最受啤酒酿酒专家的青睐，因此它又有“金质麦芽”之称。

酒花属于荨麻或大麻系植物。因为它有结球果的组织，所以给啤酒注入了苦味与甘甜，使啤酒更加清爽可口，也助于消化。酒花在增加啤酒苦味的同时可改善啤酒的风味、提高啤酒的泡沫稳定性。酒花由结球果、球粒、提取液三部分构成。在早秋时采集结球果，将之迅速进行高温处理，然后装入桶中卖给酿酒商。球粒是碾压后的结球果在专用的模具中压碎而成，通常将球粒放置在托盘上，置于真空或充氮的环境中，防止被氧化。现在酒花结球果的提取液被广泛应用在啤酒的各个品种中，提取方法不同会产生迥然不同的口味。随着化学分离技术和鉴定技术的不断完善，我们可以通过调整使用啤酒花的不同种类和数量来改进啤酒质量。酒花中的主要化合物对啤酒质量可产生重要的影响，其中，树脂类化合物，主要是α-酸和β-酸类，可赋予啤酒独特的苦味特征；精油类成分使啤酒具有明显的香味特征；而啤酒花中的多酚可对啤酒的风味及其风味稳定性产生重要的影响。[①]不同品牌选用不同的酒花，如世好啤酒仅仅采用“洁净之国”新西兰深谷中的“绿色子弹”酒花。

---

① 刘玉梅，汤坚，刘奎钫. 啤酒花的化学研究及其和啤酒酿造的关系[J]. 酿酒科技，2006(2)：71-75.

酵母是真菌类的一种微生物，在啤酒酿造过程中，它被称为"魔术师"。它把麦芽和大米中的糖分发酵，产生酒精、二氧化碳和其他微量发酵产物。这些微量但种类繁多的发酵产物与其他那些来自麦芽、酒花的风味物质一起，制成了诱人而独特的成品啤酒。啤酒酵母菌主要分为顶酵母和底酵母两种。用显微镜看时，顶酵母呈现的卵形稍比底酵母明显。由于发酵过程中，酵母上升至啤酒表面并能够在顶部撇取，所以被称为顶酵母。底酵母则一直存在于啤酒内，在发酵结束后最终沉淀在发酵桶底部。顶酵母产生淡色啤酒、烈性黑啤酒、苦啤酒，底酵母产出储藏啤酒。

在某些啤酒中，精炼糖是重要的添加物。它使啤酒的颜色更淡，杂质更少，口味更加爽快。在狮王酿造的太湖水啤酒和莱克啤酒中，精炼糖可以通过加入大米来获取，使啤酒的口味更加清爽，从而迎合消费者口味。

水在啤酒酿造的过程中起着非常重要的作用，因为每瓶啤酒 90%以上的成分是水。啤酒酿造需要洁净的水，另外还应去除水中所含的矿物盐，使之成为软水。最初，啤酒厂建造选址的要求非常高，必须是有洁净水源的地方。但是随着科技的发展，水的过滤和处理技术日趋成熟，使得现代啤酒厂对地点选择的要求大大降低，通过对自来水、地下水等进行过滤和处理，使其达到近乎纯水的程度，就可以用来酿造啤酒。

令人欣慰的是，出于环保的考虑，有越来越多社会责任心强的啤酒生产企业开始放弃价格便宜的地下水，而采用价格较贵的自来水来酿造啤酒。

2. 啤酒的生产过程

麦芽被送入酿造车间之前，需要先送到粉碎塔，因为只有经过轻压粉碎才能制成酿造用的麦芽。

糊化处理是将粉碎的麦芽、谷粒与水在糊化锅中混合。糊化锅是一个巨大的回旋金属容器，装有热水与蒸汽入口，搅拌棒、搅拌桨或螺旋桨等搅拌装置，温度与控制装置。在糊化锅中，麦芽和水经加热后沸腾，这是天然酸将难溶性的淀粉和蛋白质转变为可溶性的麦芽提取物，称作麦芽汁，然后将麦芽汁送至称作分离塔的过滤容器。

麦芽汁在被泵入煮沸锅之前，需先在过滤槽中去除皮壳，并加入酒花和糖。在煮沸锅中，混合物被煮沸来吸取酒花的味道，并起到起色和消毒的作用。在煮沸后，加入酒花的麦芽汁被泵入回旋沉淀槽以去除剩余物和不溶性的蛋白质。

洁净的麦芽汁从回旋沉淀槽中泵出后，被送入热交换器进行冷却，随后，在麦芽汁中加入酵母，开始进入发酵的程序。

在发酵的过程中，酵母将麦芽汁中可发酵的糖分转化为酒精和二氧化碳，生产出啤酒。8 个小时内加快速度进行发酵，积聚一种被称作皱沫的高密度泡沫。这种泡沫在第 3 天或第 4 天达到最高发酵速度。从第 5 天开始，发酵的速度有所减慢，需撇掉散布在麦芽汁表面的皱沫。酵母在发酵完后，在容器底部形成一层稠状的沉淀物，随之温度逐渐降低，在 8~10 天后发酵就完全结束了。整个过程中，需要对温度和压力进行严格控制。当然，啤酒生产工艺的不同，所需的发酵时间也不同。通常，储藏啤酒的发酵过程需要大约 6 天，淡色啤酒为 5 天左右。

发酵结束以后，绝大部分酵母沉淀于罐底，酿酒师将这部分酵母回收起来以供下一罐使用。除去酵母后，生成物“嫩啤酒”被泵入发酵罐（或者被称为熟化罐），之后剩余的酵母和不溶性蛋白质进一步沉淀下来，啤酒的风格逐渐成熟。成熟的时间因啤酒品种的不同而异，一般在 7~21 天。

发酵后成熟的啤酒在过滤机中将所有剩余的酵母和不溶性蛋白质滤去，就可以成为待包装的清酒。

成品啤酒的包装有瓶装、听装和桶装形式。其中瓶装啤酒最为大众化，也具有最典型的包装工艺流程，即洗瓶、灌酒、封口、杀菌、贴标和装箱。另外再加上瓶子形状、容量的不同，标签、颈套和瓶盖的不同以及外包装的多样化，形成了市场上琳琅满目的啤酒商品。

第二节　黄　　酒

黄酒是世界上最古老的酒类之一，酒质由酵母曲种的质量决定。黄酒源于中国，且唯中国有之，与啤酒、葡萄酒并称世界三大古酒。商周时代，酒曲复式发酵法被中国人独创，人们开始大量酿制黄酒。黄酒产地较广，品种很多，山东即墨老酒、江西吉安固江冬酒、无锡惠泉酒、绍兴状元红、绍兴女儿红、张家港沙洲优黄、吴江吴宫老酒、百花漾等桃源黄酒、上海老酒、福建闽安老酒、江西九江封缸酒、江苏白蒲黄酒（水明楼）、江苏金坛和丹阳封缸酒、河南双黄酒、广东客家娘酒、张家口北宗黄酒和绍兴加饭酒（花雕酒等）、广东珍珠红酒等都是典型的代表。

黄酒的原料为大米、黍米和粟，酒精含量一般为 14%~20%，属于低度酿造酒。黄酒营养丰富，被誉为“液体蛋糕”，含有 21 种氨基酸，其中包括数种未知氨基酸和人体自身不能合成的必须依靠食物摄取的 8 种必需氨基酸。黄酒属于酿造酒，酿酒技术独树一帜，是东方酿造界的典型代表和楷模。

黄酒的色泽来源于原料、麦曲和添加的焦糖色，经陈化及化学反应而成；香气来源于原料麦曲，经生产工艺酿造中生化作用及储存中化学反应而产生；味道来源于酒体中醇、酯、酸、醛等微量物质，也是酒体中七味成分（甜、酸、辣、苦、涩、鲜、咸）相互协调的结果，三者共同形成了黄酒独特典型的风味。①

一、黄酒的起源与发展

（一）黄酒的起源

黄酒是我国最古老的酒种，是“酒中之祖”“酒中之王”，也是中国特有的酿造酒。因其营养丰富，具有多种养身健体之功效，故闻名世界。黄酒酿造技术堪称天下一绝，是祖国宝贵的科学文化遗产。

1. 自然酿酒

远古时代，农业尚未兴起，先祖们过着女采果、男狩猎的生活，有时采摘的野果食用不完，因没有保鲜方法，储存的野果会发酵，生成酒香气味。正是由于这种自然发酵现象，使祖先有了发酵酿酒的模糊意识，时日长久，便积累了以野果酿酒的经验。尽管这种野果酒尚称不上黄酒，但为后人酿造黄酒提供了不可多得的启示。

2. 粮食酿酒

到了新石器时期，简单的劳动工具足以使祖先们衣可暖身、食可果腹，而且还可以有剩余，但粗陋的生存条件难以储存粮食，剩余的粮食只能堆积在潮湿的山洞里或地窖中，时日一久，粮食发霉发芽。霉变的粮食浸在水里，经过天然发酵后便成了天然粮食酒，饮之，芬芳甘冽。又经历上千年的摸索，人们逐渐掌握了一些酿酒技术。

晋代江统在《酒诰》中记载：“有饭不尽，委于空桑，郁结成味，久蓄气芳。本出于此，不由奇方。”说的就是粮食酿造黄酒的起源。

3. 曲药酿酒

中国是世界上最早使用曲药酿酒的国家，可以追溯到公元前 2000 年的夏王朝到公元前 200 年的秦王朝，从曲药的发现、人工制作再到运用，大概用了 1800 年

① 汪建国. 黄酒中色、香、味、体的构成和来源浅析[J]. 中国酿造，2004，23(4)：6-10.

的时间。

根据考古发掘，我们的祖先早在殷商武丁时期就掌握了微生物霉菌的繁殖规律，已能使用谷物制成曲药，发酵酿造黄酒。

到了西周，农业的发展为酿造黄酒提供了完备的原始资料，人们的酿造工艺在总结前人“秫稻必齐，曲药必时”的基础上也有了进一步的发展。曲药酿造黄酒的技术在秦汉时期又有所提高。《汉书·食货志》记载：“一酿用粗米二斛，得成酒六斛六斗。”这是我国现存最早用稻米曲药酿造黄酒的配方。《水经注》又载：“鄗县有鄗湖，湖中有洲，洲上居民，彼人资以给，酿酒甚美，谓之鄗酒。”那个时代，喝黄酒首推鄗酒，鄗酒誉满天下，是人们心中曲药酿黄酒的代表。

中华民族独特的制曲方式、酿造技术被广泛流传到日本、朝鲜及东南亚一带。曲药的发明及应用，被誉为中国古代四大发明之外的“第五大发明”，是中华民族的骄傲，也是中华民族对人类的伟大贡献。

（二）黄酒的发展

作为世界最古老酒种之一的黄酒，距今已有3000余年的历史。经过漫长的岁月，中华民族在不断的生产实践中，逐步积累粮食酿酒经验，使黄酒酿造工艺技术炉火纯青。

酿制黄酒的主要原料是黏性比较大的糯米、黍米和大黄米，由于这些原料种植量少、产量低，给黄酒生产发展带来一定难度。为解决黄酒生产原料不足的问题，近年来，我国不少地区用玉米、瓜干酿制黄酒取得成功，并已通过鉴定。

在1000年前的宋朝，烧酒即白酒的出现，彻底改变了黄酒的地位。至今为止，黄酒的销量仅占我国酒销量的4%，并且主要集中在南方，其中20%属于绍兴黄酒。

黄酒作为我国最古老的酒种，在中国酒文化史上曾享有重要的地位，黄酒以其美味及营养丰富深受我国人民喜爱，并早已名扬世界。1988年，绍兴黄酒被国家定为国宴用酒。

现在，我国的黄酒生产企业已有700家左右，平均年产量2000~3000吨。由于受传统消费习惯的影响，黄酒的生产、消费主要集中在江浙沪地区，三地合集黄酒产量、消费量分别占全国黄酒总产量、总消费量的83%和70%。

二、黄酒的功效与作用

1. 活血祛寒、通经活络

在冬季，宜饮黄酒。在黄酒中加几片姜煮后饮用，既可活血祛寒、通经活络，还能有效地预防感冒、抵御寒冷的刺激。需要注意的是，黄酒虽然酒度低，但要适量饮用。

2. 抗衰护心

在啤酒、葡萄酒、黄酒、白酒组成的“四大家族”中，黄酒营养价值最高，酒精含量仅为14%~20%，是名副其实的美味低度酒。作为我国最古老的饮料酒，其蛋白质的含量较高，并含有21种氨基酸及大量维生素B族，经常饮用对妇女美容、老年人抗衰老效果较好。

3. 减肥、美容、抗衰老

黄酒的热量非常高，喝多会胖，但是适当饮用可以加速血液循环和新陈代谢，有利于减肥。由于黄酒是以大米为原料，经过长时间的糖化、发酵制成的，酶会把原料中的淀粉和蛋白质分解成为易被人体消化吸收的小分子物质，因此，人们也把黄酒列为营养饮料酒。

黄酒的度数较低、口味大众化，比较适合日常饮用，但应节制饮用。

4. 药用价值

药引是引药归经的俗称，指某些药物能引导其他药物的药力到达病变部位或某一经脉，起“向导”的作用进行有针对性的治疗。它们不仅能与汤剂配合，更广泛地与成药在一起配合应用。另外，药引还有增强疗效、解毒、矫味、保护胃肠道等作用。

在唐代，我国第一部药典《新修本草》提到了米酒入药。李时珍在《本草纲目》中说：“诸酒醇醨不同，惟米酒入药用。”米酒即是黄酒，它有通血脉、肠胃、润皮肤、养气、扶肝、除风下气等药用，所以人们历来用黄酒作酒基，制成养生和医用治病的酒，这说明黄酒与中药药剂有一种天然的糅合因子或亲和性。

5. 烹饪时祛腥膻、解油腻

黄酒在烹饪中的主要功效为祛腥膻、解油腻。烹调时加入适量的黄酒，能渗透到食物组织内部，使造成腥膻味的物质溶解于热酒精中，随着酒精挥发而被带走。黄酒中还含有多种多糖类物质和各种维生素，具有很高的营养价值，它的酯香、醇香同菜肴的香气十分和谐，用于烹饪不仅可以为菜肴增添鲜味，而且通过乙醇挥发，可以把食物固有的香气诱导挥发出来。

6. 辅助医疗

黄酒多用糯米制成，在酿造过程中，保持了糯米原有的多种营养成分，还能产生糖化胶质等，这些物质都有益于人体健康。在辅助医疗方面，黄酒不同的饮用方法有着不同的治疗效果。例如，凉喝黄酒有消食化积、镇静的作用，对消化不良、厌食、心跳过速、烦躁等有显著的疗效；烫热喝的黄酒，能驱寒祛湿，对腰背痛、手足麻木和震颤、风湿性关节炎及跌打损伤患者有益。

三、黄酒的种类

黄酒品种繁多，制法和风味都各有特色，中国长江下游一带是主要产地，以浙江绍兴的产品最为著名。按不同的方式，黄酒大致可分为以下几类。

（一）按原料和酒曲分

（1）糯米黄酒，以酒药和麦曲为糖化、发酵剂，主要产地为中国南方地区。

（2）黍米黄酒，以米曲霉制成的麸曲为糖化、发酵剂，主要产地为中国北方地区。

（3）大米黄酒，是一种改良的黄酒，以米曲加酵母为糖化、发酵剂，主要产地为吉林和山东。

（4）红曲黄酒，以糯米为原料，红曲为糖化剂、发酵剂，主要产地为福建及浙江两地。

（二）按生产方法分

1. 淋饭法黄酒

将糯米用清水浸发两日两夜，然后蒸熟成饭，再通过冷水喷淋达到糖化和发酵的最佳温度。拌加酒药、特制麦曲及清水，经糖化和发酵，45 天即可做成。此法主要用于甜型黄酒生产。

2. 摊饭法黄酒

将糯米用清水浸发 16~20 天，取出米粒，分出浆水。米粒蒸熟成饭，然后将饭摊于竹席上，经空气冷却达到预定的发酵温度。配加一定分量的酒母、麦曲、清水及浸米浆水后，经糖化和发酵 60~80 天做成。用此法生产的黄酒，品质一般比淋饭法黄酒好。

3. 喂饭法黄酒

这是中国古老的酿造方法之一，早在东汉时期就已盛行。将糯米原料分成几批，第一批以淋饭法做成酒母，然后再分批加入新原料，使发酵继续进行。用此法生产的黄酒与淋饭法及摊饭法黄酒相比，发酵更深透，原料利用率较高。现在中国各地仍有许多地方沿用这一传统工艺，著名的绍兴加饭酒便是其典型代表。

（三）按取名方式分

1. 根据加工工艺不同取名

（1）加饭酒（原料用米量加多）。加饭酒是绍兴黄酒的一种，因在生产时改变了配料的比例，增加了糯米或糯米饭的投入量而得名。加饭酒是一种半干酒，酒度15%左右，糖分0.5%~3%，酒质醇厚，气郁芳香。

（2）老廒酒。将浸米酸水反复煎熬，代替浸米水，以增加酸度，用来培养酵母。

2. 根据包装方式取名

如花雕，因在酒坛外绘雕各种花纹及图案而得名。

3. 根据特殊用途取名

如女儿红，在女儿出生时将酒坛埋在地下，待女儿出嫁时取出，敬饮宾客。

第三节　清　　酒

清酒呈淡黄色或无色，清亮透明，芳香宜人，绵柔爽口，其酸、甜、苦、涩、辣诸味相互协调，酒精含量为12%~16%，含多种氨基酸、维生素，是营养丰富的饮料酒。提起清酒，很多人会认为它起源于日本，是日本的国酒和日本文化的代表，在世界范围内都享有盛誉。但是据史料考证得知，清酒最早起源于中国，后经江浙地区辗转传入日本，在日本、韩国发扬光大。中国清酒发展至今已经有2000多年的历史。

一、清酒的发展与现状

（一）发展

据中国史书记载，古时候日本只有“浊酒”，没有清酒。后来有人在浊酒中加入石炭，使浊酒中的渣滓沉淀，取其清澈的酒液饮用，于是便有了“清酒”之名。7 世纪中叶之后，朝鲜古国百济与中国常有来往，并成为中国文化传入日本的桥梁。因此，中国用曲种酿酒的技术就由百济传播到日本，使日本的酿酒业得到了很大的发展。到了 14 世纪，日本的酿酒技术已日臻成熟，人们用传统的清酒酿造法生产出质量上乘的产品，这就是著名的“僧侣酒”，其中尤以奈良地区所产的最负盛名。后来，“僧侣酒”遭到荒废，酿酒中心转移到了以伊丹、神户、西宫为主的摄泉十二乡。明治后期开始，又从摄泉十二乡转移到以神户与西宫构成的滩五乡，滩五乡至今一直保持着“日本第一酒乡”的地位。

（二）现状

日本清酒的质量自 19 世纪后半叶的日本明治维新运动之后逐渐下降，尤其是在第二次世界大战期间，日本酒商在清酒中兑入大量的食用酒精，通过增加酿酒量来牟取暴利，使清酒所具有的独特风味黯然失色。因此，日本老人称这种低劣的清酒为“乱世之酒”，赞誉原来纯正的日本清酒为“太平之酒”。由于清酒酿造业受历史上“乱世”的影响，给日本消费者留下了不良的印象，加上新一代日本人崇尚饮用啤酒和烈性酒，所以清酒的销售量逐年下降。今天，日本清酒的质量虽然已恢复其原来的水平，并且利用现代酿造技术和设备不断提高产品质量，但清酒产品还是仅占日本酒类市场销售量的 15%。

二、日本清酒的制作方法

1. 用水

清酒酿造过程中的浸米、投料、调配、洗涤及锅炉等各项用水，总量为原料米的 20~30 倍，清酒 80%以上的成分是水。从清酒的酿制角度看，水既能促进微生物的生长，又能促进醪发酵，其中含有钾、镁、氯、磷酸等成分多的水视为强水，反之即是弱水。强水可酿制辣口酒，弱水可酿制甜酒。清酒的酿制用水要求非常严格，水质的无机含量成分必须达到相应的要求，所以需要对强水进行净化，对弱水适当添加成分。

2. 用米

一般选择大粒、软质（吸水力强，饭粒内软外硬且有弹性，米曲霉繁殖容易，醪中溶解性良好）、心白率高、蛋白质及脂肪含量少、淀粉含量高、酿造容易的米。日本清酒中的制曲，酒母及发酵用米都是用精白的粳米，仅有少量的清酒需要在快速成型的发酵醪中添加糯米糖化液，以调整其成分。

3. 洗米、浸米

洗米的目的是除去附在米上的糠、尘土及杂物。浸米的时间与米的精白度有关，从吟酿米的几分钟到精白度低的米一昼夜不等，浸米温度以10℃~13℃为宜，浸米后的白米含水量以28%~29%为宜，沥干即放水。

4. 蒸饭

将白米的生淀粉（贝塔淀粉）加热变成阿尔法淀粉，即淀粉胶化或呈糊状，以使酶易于作用。蒸饭分前后两期，前期使蒸汽通过米层，在米粒表面结露及凝缩水；后期使凝缩水向米粒内部渗透，主要使阿尔法淀粉及蛋白质变性。

5. 米曲

清酒酿造一般用两类微生物：制造米曲用米曲霉，而培养酒母则用优良清酒酵母。制曲是清酒酿造的首要环节，日本历来有一曲二酝（酒母）三造（醪）的说法。曲的作用有三：一是为酒母和醪提供酶源，使饭粒的淀粉、蛋白质和脂肪等溶出和分解；二是在曲霉菌繁殖和产酶的同时生成葡萄糖、氨基酸、维生素成分，是清酒酵母的营养源；三是曲香及曲的其他成分有助于形成清酒独特的风味。

6. 发酵

醪发酵是清酒酿造过程成败的关键，它起着组合原料、米曲、酒母的作用，直接影响清酒的质量。清酒醪发酵温度通常为15℃左右，吟酿酒在10℃左右。

7. 压滤

压滤一般有袋滤和自动压榨机压滤，经压滤得到的酒液含有纤维素、淀粉、不滋性蛋白质及酵母等物质，会使清酒香味起变化。为了脱色和调整香味，必须通过澄清、过滤，在过滤时应加一定量的活性炭。

8. 灭菌

灭菌时温度通常为60℃，时间为2~3分钟，现在提高到61℃~64℃左右，灭菌后的清酒进入储藏罐时的温度为61℃~62℃。

9. 储存

清酒的储存期通常为半年到一年。一般采用低温冷藏，温度为10℃左右。

三、清酒的品格与精神

相对于浊酒而言，清酒的品格定位就是要如水一般纯洁透明，精神境界至臻至善，是崇高无尚的象征，也就是古代玄酒（元酒）的具体体现。从这层意义上说，清酒文化起源于中国，是儒家酒文化的一个重要内容。

日本的酒文化有自己的起源传统，但在唐代以后，受到中国文化的影响，接受了中国清酒文化的理念，奠立了日本清酒文化的理论基础，在实践中顽强进取、积极探索，并且逐步发扬光大，最终形成了今日日本清酒文化绚烂多彩的格局。奈良县的三轮神社、京都府的松尾神社、梅之宫神社在日本因供奉酒神而非常著名。三家神社所供奉的酒神代表了日本酿酒技术在不同时期的情况。

三轮神社供奉的诸神中有一位“大国主命神”，他是日本土著民族的代表。距今2000年前在同亚洲大陆交流时，大米的种植技术和以大米为原料的酿酒技术一同传到了出云阿国，这就是日本清酒的原型。

松尾神社供奉的酒神据说是秦氏，他是距今1500年前从朝鲜半岛旅居日本，众多有技术的工匠中掌握酿酒技术的代表人物。梅之宫神社供奉的木花咲耶姬神，传说他用大米酿制甜酒，表明1200年前就开始了制曲酿酒。可以说，日本是历史上唯一一个孜孜不倦地追求，直接继承并实现了清酒文化崇高品格与精神的酿酒民族，所以酿造清酒要具有匠人精神。由于政治上和技术上的复杂原因，在汉代以后中国的酒文化逐渐背离了清酒的原始理念，走上了黄酒的道路，以致在今日中国酒业界，已经没有了清酒的地位。但是自蒸馏酒技术诞生以来，中国酒（主要是曲酒、烧酒）也实现了如水一般纯洁透明的效果，尽管名称已经不叫清酒，但也算是曲折地完成了古代清酒文化的原始追求。

比较中、日两国实现清酒文化原始理念的历史过程，可以看出中国酒文化更多地受政治因素的纠缠与影响，顺应形势、嬗变嬗改，这正好体现了中国人灵活多变的社会心态；而日本酒业界却一脉独进，潜心不衰，最终酝酿出清酒文化的辉煌成果，令人不得不敬佩这种精益求精、百代如一的敬业精神。

四、中国清酒与日本清酒的区别

说起清酒，很多人马上就会想到日本清酒的味道，那么中国清酒和日本清酒都有什么样的特点，又与其他清酒有什么不同呢？

1. 日本的造酒文化源于中国大陆

大约在公元 7 世纪中叶之后，江浙一带的大米种植技术和以大米为原料的酿酒技术已较为成熟，朝鲜古国百济与中国常有来往，并成为中国文化传入日本的桥梁。因此，日本清酒在很大程度上与中国黄酒酿造技术有所相似，实则是在中国黄酒的酿造技术的基础上演变而来。

2. 两种清酒使用的原料不同

中国清酒的主要生产原料是优质矿泉水和粟去皮后的小米，取其金黄色的颗粒粉碎物，经发酵后，酒体呈金黄色或浅黄色，无须任何着色，给人以心悦开怀的感受。

而日本清酒则是以稻去皮后的大米、水为主要原料酿制而成。由于生产原料的差异，使其终端产品在色、香、味、风格上也与中国清酒不同。

3. 生产工艺方面有着较大区别

中国清酒与日本清酒因所用原料的物理特性不同，在酿制过程中所使用的工艺主要有以下几个方面不同。

（1）酿酒用粮加工、净化工序的差异

中国清酒用料为粟米，粟米在脱壳前首先要去除谷子内含的杂质和夹杂物，然后再进行谷子的脱壳，加工为我们大家所较熟悉的“小米”，脱壳后的小米再用水清洗，以去除小米表面的附着物，即可作为生产原料使用。以上工序主要是为了保留原料固有的营养成分与小米本身的香气，并去除不洁物，避免给产品带来不应有的异香与异味。

日本清酒酿造用米必须高度精白，清酒品质标准越高，原料米精白处理要求也越高[①]，在稻谷除杂、加工成大米后，还要用机械法磨去大米表面的糊粉层。一般精米率都要达到 65%~75%，这种刻意要求原料精、纯是为了去除大米中对酿造不利的因素，但同时也失去了大米表层所含丰富的矿物质、维生素以及微量元素。

（2）清酒生产糖化、发酵工序的差异

中国清酒与日本清酒都需要对原料进行糖化与发酵。两种清酒的生产方式除了在原料糖化、发酵过程使用糖化剂、发酵剂不同外，也存在糖化、发酵工序多项技术控制参数的差异，如温度、时间、酸度、中间品质量控制指标等。在糖化、发酵工序中最大的差异是：中国清酒糖化、发酵使用的是液态糖化与发酵的生产

---

① 陈曾三. 日本清酒酿造用米品质要求[J]. 酿酒科技，2002(4)：75-76.

工艺；而日本清酒糖化、发酵使用的是半固态糖化、发酵、多次投料的生产工艺。

（3）发酵酒液后加工处理工序的差异

中国清酒与日本清酒在发酵工序完成后，都需要对发酵好的酵液进行压榨、过滤、煎酒、后储等工序。通过这些工序的实施以提高酒体中的生物、非生物稳定性，加快酒体的成熟。

中国清酒为使酒体稳定、成熟较快，对发酵酒液除完成以上必需的工序外，在发酵后的酒液中还增加了酒体膜滤、微波老熟等工序，以提高酒体的稳定性，酒体成熟的速度加快，减少了后储工序的时间。

日本清酒在完成压榨、过滤、煎酒后，一般都进行活性炭脱色、脱臭，以提高酒体的透明度与口感。另外日本清酒还因品种、品牌与沿袭工艺，会在酒体中添加一定比例的脱臭酒精或植物浸提物，以构成酒体特殊风味。日本清酒以上的加工处理方法构成了中国清酒与日本清酒在生产工艺上的巨大差异以及两种酒在色泽、香气、口味、风格上较大的区别。

4. 饮用方式上的区别

在饮用方式上，中国清酒可与高酒精度白酒或纯净水掺兑，而小米的醇香和柔雅的口感不变，这是日本清酒及其他酒种所不能的。日本清酒可以热饮也可凉饮，人们还喜欢兑水或果汁饮用。

第五章

果类酿造酒

第一节 葡 萄 酒

一、葡萄酒概述

按照我国最新的葡萄酒标准 GB 15037—2006 规定，葡萄酒是以鲜葡萄或葡萄汁为原料，经过全部或部分发酵酿制而成，酒度不低于 7.0%的酒精饮品。经常适量饮用葡萄酒，可以减少患心脏病的概率，患高血脂和血管硬化的概率也会降低。

葡萄酒的制作原料十分讲究，真正的葡萄酒必须用 100%葡萄酿造而成，不能添加任何水、色素、香料、防腐剂等配料。

葡萄酒有许多品种，因葡萄的栽培、葡萄酒生产工艺的不同，葡萄酒产品也有着不同的风格。通常来说，葡萄酒分为三种，分别为红葡萄酒、白葡萄酒和起泡酒。

二、葡萄酒的起源及发展历程

关于葡萄酒的起源问题，学术界至今仍然有着不同的说法。但值得肯定的是，在公元前 7000 至公元前 5000 年，葡萄酒就已经出现在人们的视野中了。葡萄酒作为西方文明的标志，它在人类历史中扮演着十分重要的角色。

在保加利亚的古遗迹的考古研究中发现，大约在公元前 6000 至公元前 3000 年，已经有人使用葡萄汁液进行酿酒，而古希腊诗人荷马也在其《伊利亚特》和《奥德赛》两本著作中提到了古保加利亚人优良的酿酒技术，所以有很多人认为葡萄酒的发源地是保加利亚。

据外媒报道，科学家在对一批年代久远的陶罐进行研究分析后发现，人类可能早在 8000 年前就开始酿造葡萄酒，这比原来所了解的最早开始酿造葡萄酒的时间还要早近 1000 年。科学家表示，他们在格鲁吉亚首都第比利斯以南的两个遗址中发现了残留葡萄酒化合物的陶罐，这些 8000 年前的陶罐成了人类酿造葡萄酒的“最早”证据。在这批陶罐出土前，最早用于葡萄酒酿造的陶器是 1968 年在伊朗西北部发现的，这些陶器可追溯到大约 7000 年前。

研究人员认为，此次的发现是人类自己种植野生欧亚葡萄树专用于酿酒的最早证据。据研究人员说，这些葡萄酒的制法可能与现在的格鲁吉亚红酒制法类似，即先把葡萄压扁，再让葡萄的茎和种子一起发酵。

随着古代的战争和商业活动的发展，葡萄酒酿造方法传到了以色列、叙利亚、小亚细亚、阿拉伯等国家和地区。由于阿拉伯国家信奉伊斯兰教，而伊斯兰教提倡禁酒律，因此阿拉伯国家的酿酒行业发展日渐衰退，到最后几乎被禁绝了。后来葡萄酒酿造的方法从波斯、埃及传到希腊、罗马、高卢（即法国）等国家，后又传遍欧洲各国。

由于欧洲人信奉基督教，面包和葡萄酒被基督徒称为上帝的肉和血，他们把葡萄酒视为生命中不可缺少的饮料。葡萄酒在欧洲逐渐发展起来。

15 世纪之后，葡萄酒行业逐渐引入了很多非宗教的内容，新世界的大门敞开后，葡萄栽培机会增多，葡萄酒行业也在南北美洲境内新的人口聚居地迅速发展。修道院的葡萄园如雨后春笋般涌现，同时为了满足教堂和商人的需要，商人们在港口城市设立店铺为欧洲和美洲人提供葡萄酒。

19 世纪末，优质葡萄酒的紧缺导致欧洲地区滋生很多犯罪行为，假冒伪劣猖獗，各国政府为预防假货采取了一系列措施来保护葡萄酒产业。

20 世纪 30 年代，法国已经建立了一套监控葡萄酒地理产区命名（酒标上标出的地理产区）的法规 AOC，这套法规后来成为葡萄酒行业的国际标准。如今，法国、意大利、西班牙是当今人均消费葡萄酒最多的三个国家。欧洲国家葡萄酒的产量占世界葡萄酒总产量的 80%以上。

三、葡萄酒主要产地

（一）法国

在世界各地的葡萄酒产区中，法国产区最为著名，被称为“葡萄酒王国”。决定葡萄酒好坏有六大因素：葡萄品种、气候、土壤、湿度、葡萄园管理和酿酒技术，这些因素法国都具备，因此法国葡萄酒的产量一直排在世界前列。法国不但是全世界酿造葡萄酒品种最多的国家，而且生产了众多闻名于世的高级葡萄酒。

1. 波尔多（Bordeauxz）

波尔多酒享誉全世界，红酒不浓不淡，细腻而不会有太浓的酒精味，颜色多呈美丽的红宝石色泽，而且上佳的红葡萄酒具有越陈越好的特质，被誉为“红葡萄酒女王”“酒中之后”。

它的主要产区为：美道区（Medoc）、圣爱米伦（St-Emilion）、玻玛络（Pomerol）、格拉夫（Graves）、索坦（Sauterne）。

2. 勃艮第（Burgundy/Bourgogne）

勃艮第与波尔多葡萄酒最大的不同在于，波尔多葡萄酒大都是由数种不同的葡萄品种酿制，而勃艮第葡萄酒几乎都是由同一葡萄品种所酿造。此外，在波尔多区，所谓 Grang Cru 特级酒是由 1855Medoc Grang Cru 分级系统制造出来的（当然 St-Emilion 及 Graves 也制造所谓的 Grang Cru），而勃艮第的特级酒是依产区葡萄园来制造的。主要产区为：夏普利（Chablis）、黄金山坡即歌德区（Cote dor 又分为 Cote de Nuit、Cote de Beaune）、马岗区（Maconnais）、宝酒利（Beaujolais）。

（二）意大利

欧洲最早得到葡萄酒酿造技术的国家之一就是意大利，意大利的酿酒历史已经超过了 3000 年。它的葡萄酒产量和质量远远超于法国，可以说，法国葡萄酒酿造技术是从意大利“窃取”而来的。意大利这个神秘而典雅的国度，除了有着令人叹为观止的艺术文化外，葡萄酒的产量也非常大，占全世界的 1/4。古希腊人把意大利称为“葡萄酒之国”（埃娜特利亚）。实际上，埃娜特利亚是古希腊语中的一个名词，意指意大利东南部。据说古罗马士兵总是带着武器与葡萄苗出征，领土扩大到哪里就在哪个地方种下葡萄，这就是意大利向欧洲各国传播葡萄种植和葡萄酒酿造技术的开端。意大利的葡萄酒产区遍布全国，种类繁多，历史悠久，其中以红葡萄酒最为著名。

由西北到东南，意大利的葡萄酒五大产区如下。

（1）北部山脚下产区（Vini Petemontani）：意大利产酒区、瓦莱达奥斯塔（Aosta Valley）、皮埃蒙特（Piedmont）、伦巴第（Lombardy）、特伦蒂诺-上阿迪杰（Trentino-Alto Adige/Südtirol）、弗留利-威尼斯朱利亚（Friuli-Venezia Giulia）、威尼托（Veneto）。

（2）第勒尼安海产区（Vini Tirrenici）：大利里维埃拉（Italian Riviera）、托斯卡纳（Tuscany）、翁布里亚（Umbria）、拉齐奥（Lazio）、坎帕尼亚（Campania）、巴西利卡塔（Basilicata）、卡拉布里亚（Calabria）。

（3）中部产区（Vini Centrali）：艾米利亚-罗马涅（Emilia-Romagna）。

（4）亚得里亚海产区（Vini AdriaticI）：马尔凯（Marche）、阿布鲁佐（Abruzzo）、莫利塞（Molise）、普利亚（Apulia）。

（5）地中海产区（Vini Mediterranei）：西西里（Sicily）、撒丁（Sardinia）。

（三）西班牙

西班牙是世界上葡萄种植面积最大的国家，其种植面积达到 120 万公顷，产酒量位居世界第三。西班牙的葡萄品种多达 600 多个，但真正经常使用的品种却只有 18~20 个。在这个温暖的国家，白色葡萄品种占了绝大多数。

西班牙葡萄酒指的是西班牙制作的葡萄酒。西班牙有很多质量很高的葡萄酒，它不像法国葡萄酒被世人投注了大量的目光，也不像美国加州的葡萄酒有专业媒体来宣传炒作，所以价格很实惠。

西班牙葡萄酒酿造历史悠久，种类繁多，管理严格。雪莉酒是其国酒。

西班牙葡萄酒给世人的感觉就像意大利葡萄酒一样，具有“大众化”的特征。直到 20 世纪 70 年代，西班牙才有了自己的 AOC，即 Instituto Nacional de Denominacioe de Origen，简称 DO，规定了酒的原产地及品质。1991 年又建立了比 DO 规定更严格的 DOC（Denomination de Origen Calificada）。

主要产区：德国的里欧哈（Rioja）。

（四）德国

德国共有 13 个特定葡萄种植区，大多分布在西南部。德国的葡萄种植区地处较高纬度，由于种植区阳光不足，夏天短暂，所以有 80%的葡萄园在面河的山坡地以便吸收较多的阳光。

葡萄酒在德国已经形成它特有的文化韵味，产酒区的人们更喜欢在仲夏刚过时筹办每年一度的葡萄酒节，这也是各个葡萄酒厂家展示产品的好机会。借着秋阳，人们三五成群，从四面八方汇集到葡萄酒产地，品尝好酒，享受美好生活，而每年推出的“葡萄酒公主”更增添了节日风采。葡萄酒产区以其温和的气候、美丽的风光、人杰地灵的特色构成了一道德国独特的风景线。

德国主要的特定葡萄园集中在莫斯尔（Mosel）、莱茵河（Rhen）地区。莫斯尔的酒果酸较强，较清爽；莱茵河的酒比较浓郁。

德国的葡萄种植业在一定程度上被寒冷的气候所限制，使得其种植的葡萄品种以白葡萄为主，并且为世界上创造出了最好的白葡萄品种，也是德国最重要的白葡萄品种——雷司令（Riesling）。除雷司令外，德国种植的白葡萄品种还有米勒

-图高（Muller-Thurgau）、西万尼（Silvaner）、肯纳（Kerner）、巴克斯（Bacchus）、施埃博（Scheurebe）、琼瑶浆（Gewurztraminer）和灰皮诺（Pinot Gris）。此外，德国也种植少量的红葡萄，以黑皮诺（Pinot Noir）、丹菲特（Dornfelder）、蓝葡萄牙人（Portugieser）、特罗灵格（Trollinger）、莫尼耶皮诺（Pinot Meunier）和莱姆贝格（Lemberger）为主。

（五）澳大利亚

澳大利亚属于新世界葡萄酒生产国，澳大利亚葡萄酒也被划分为新世界葡萄酒。澳大利亚葡萄酒的酿制方式与众不同，它除了严格遵循传统酿酒方法外，还采用先进的酿造工艺和现代化的酿酒设备，加上澳大利亚稳定的气候条件，每年出产的葡萄酒的品质都相对稳定。

澳大利亚葡萄酒不仅吸收了阳光、土壤和葡萄的精华，更蕴含了悠久的品酒历史和精湛的酿酒技术，多元文化背景的酿酒经验，以及崇尚保留葡萄品种的原味和果香的酿酒技法。这些因素使澳大利亚葡萄酒充满个性与活力，而且独具特色。

澳大利亚有良好的土壤条件及稳定的气候，是新兴产区，其年产葡萄酒约5 500万箱，占全世界葡萄酒产量的2%，近三成出口。原来以生产强化酒精葡萄酒为主，但近30多年来改为大量生产不甜的一般餐用酒。因地处南半球，季节与北半球正好相反，葡萄采收期为每年的2—3月，比欧美各产区的葡萄酒提早半年上市，因此在当年度买到当年的澳大利亚葡萄酒是不足为奇的。

澳大利亚因其北部纬度低，是热带雨林区，内陆为沙漠和莽原，气候炎热干燥，不适合葡萄的生长，所以葡萄酒产区主要集中在东南部，包括维多利亚（Victoria）、新南威尔士（New South Wales）、南澳大利亚（South Australia）和塔斯马尼亚岛（Tasmania），另外西澳大利亚也有少量的葡萄园。

澳大利亚勇于创新大胆尝试前人所没尝试过的调配方式，调配出了优良的葡萄酒如卡伯纳（Caberent）与席哈（Syrah）。另外，它还出产很好的强化酒精葡萄酒，如席哈（Syrah）、夏多内（Chardonnay）、塞米荣（Semillon）等。

（六）美国

美国是美洲最大产酒国，也是葡萄酒的科技大国，在短短30年间成为国际市场上新兴的优良产酒区。加利福尼亚州是美国葡萄酒的主要产区，加州所产的葡萄酒不论品质还是数量均居全美第一。比整个澳大利亚总产量高1/3。如果把加州当作一个国家，它将成为全球第四大葡萄酒产区。加州属于地中海气候，拥有将近 2000 千米的海岸线，适合种植不同的葡萄品种。美国共有 188 个 AVA（美国法定葡萄种植区），其中加州就占了 107 个。

美国葡萄酒发展迅速是因为具备以下条件。

① 地理位置优越。

② 稳定的气候。

③ 先进的科技。

④ 高超的行销手法。

加州葡萄种植主要分布于中央谷地、南部海岸，其中最具知名度的产区包括北海岸的那帕山谷（Napa Valley）、索诺玛山谷（Sonoma Valley），大多数名牌酒庄（Boutique Winery）均在此处。

四、国际葡萄与葡萄酒组织

（一）概念

国际葡萄与葡萄酒组织（International Office of Vine and Wine）是一个由符合一定标准的葡萄及葡萄酒生产国组成的政府间的国际组织，该组织的主要任务是协调各成员国之间的葡萄酒贸易、讨论科研成果并制定符合国际葡萄酒发展潮流的技术标准等。该组织于 1924 年 11 月 29 日在法国巴黎创建，原名国际葡萄・葡萄酒局，当时的成员国包括法国、英国、意大利、美国等 33 个主要葡萄酒生产国，到 2018 年，已有 47 个成员国。根据成员国的决定，国际葡萄酒组织的名称从 1958 年 4 月起改为“国际葡萄与葡萄酒组织”，该组织是国际葡萄酒业的权威机构，在业内被称为“国际标准提供商”，是国际标准化组织（ISO）确认并公布的国际组织之一。OIV 标准亦是世界贸易组织（WTO）在葡萄酒方面采用的标准，世界 95% 以上葡萄酒生产国都参加了该组织。

（二）机构设置

国际葡萄与葡萄酒组织是一个政府间的国际组织，因此只有国家才可以成为其成员。它的主要机构分别是：代表大会、理事会、财务委员会、技术委员会和另外三个专业委员会（葡萄种植委员会，酿酒委员会，葡萄及葡萄酒经济委员会），这些机构规定每年至少开一次会。

（三）组织活动

1. 技术性会议

（1）机构会议。委员会、分委会及专家小组在巴黎或发出邀请的成员国举行会议，会议主要解决的是成员国所研究的技术与经济问题，这些问题往往由报告人进行演讲或写成通讯，并被介绍到各个国家或在专门报刊上发表。

（2）葡萄及葡萄酒国际会议。除年会以外，为了解决一些引起广泛兴趣的问题，每三年在某一发出邀请的成员国内举行一次由所有技术人员参加的国际葡萄与葡萄酒会议。

（3）报告会、讨论会和专题会议。可组织报告会、讨论会和专题会议从深入讨论一个重要问题。在尽可能的情况下，由与此问题有关的国家举办。

2. 国际协定

在国际葡萄与葡萄酒组织的倡导下，1954 年 10 月 13 日于巴黎召开了关于统一葡萄酒分析和评定方法的国际会议，签订了相关协议。

3. 评定奖项

国际葡萄与葡萄酒组织任命一个由 15 名成员组成的评定委员会，每年颁发下列奖项：葡萄种植奖、葡萄酿造奖、葡萄经济奖、葡萄酒文学故事奖以及葡萄酒医药卫生奖。

五、中国葡萄酒的起源及历史故事

法国有句谚语：打开一瓶葡萄酒，就像打开一本书。作为四大文明古国之一的中国，有着悠久而灿烂的文化，我国的葡萄酒文化从种植、酿造再到品味也是一门优雅的艺术、一门耐人寻味的学科，已融入人们日益丰富的生活之中。①

1. 中国葡萄酒的起源

《史记·大宛列传》中记载，西汉建元三年（公元前 138 年）张骞奉汉武帝之命，出使西域时看到“宛左右以葡萄为酒，富人藏酒万余石，久者数十岁不败”。在西汉中期，中原地区的农民已经得知葡萄可以酿造葡萄酒，于是将欧亚种的葡萄引进中原。在葡萄被引进的同时，还招来了一批酿酒艺人，自西汉始，中国有了西

---

① 刘东. 葡萄酒文化论文[D]. 长沙：湖南农业大学，2014.

方制法的葡萄酒人。

2. 孟佗拿 26 瓶葡萄酒换得凉州刺史之职

从《后汉书 · 宦者列传 · 张让》部分内容中可以看到汉时葡萄酒的贵重，如注引《三辅决录》有孟佗，字伯郎，“以蒲萄酒一斗遗张让，让即拜佗为凉州刺史”的记载。

孟佗是三国时期新城太守孟达的父亲，张让是汉灵帝时权重一时的大宦官。孟佗仕途不通，就倾其家财结识张让的家奴和身边的人，并以酒贿官，直接送给张让一斛葡萄酒，以得凉州刺史之职。汉朝的一斛为 10 斗，一斗为 10 升，一升约合现在的 1000 毫升，故一斛葡萄酒就是现在的 20 升。也就是说，孟佗当时拿 26 瓶葡萄酒换得凉州刺史之职，从中可见葡萄酒的贵重。

3. 唐太宗得西域之法酿特产葡萄酒

唐朝贞观十四年（640 年），唐太宗命交河道行军大总管侯君集率兵平定高昌。高昌历来盛产葡萄，在南北朝时，就向梁朝进贡过葡萄。根据《册府元龟》· 卷九百七十中“及破高昌收马乳蒲桃，实于苑中种之，并得其酒法，帝自损益造酒成，凡有八色，芳辛酷烈，既颁赐群臣，京师始识其味”的记载，说明了唐朝破了高昌国后，将收集到的马乳葡萄放到院中，并因此得到了酿酒的技术。唐太宗随后对此技术资料进行修改，并酿造出了芳香辛烈的葡萄酒同大臣一同品尝，这是史书第一次明确记载内地用西域传来的方法酿造葡萄酒的案宗。诗人王心鉴在其《品葡萄酒》一诗中这样写道：“玄圃撷琅玕，醒来丹霞染。轻拈夜光杯，芳溢水晶盏。豪饮滋佳兴，微醺娱欢婉。与君浣惆怅，莫道相识晚。”这指的是当时长安城东至曲江一带，具有胡姬侍酒之肆，用以出售西域特产葡萄酒。

4. 魏文帝曹丕把葡萄酒写进诏书

魏文帝曹丕自己喜欢葡萄酒，还把自己对葡萄和葡萄酒的喜爱与见解写进诏书，告之群臣。曹丕说：“且说葡萄，醉酒宿醒。掩露而食；甘而不捐，脆而不辞，冷而不寒，味长汁多，除烦解渴。又酿以为酒，甘于曲糜，善醉而易醒……”在这个给群臣的诏书中，他谈吃饭穿衣的同时，更大谈自己对葡萄和葡萄酒的喜爱，并说只要提起葡萄酒这个名就足以让人垂涎，更不用说亲自喝上一口，足以见其对葡萄酒的痴迷，这句话说明他对葡萄和葡萄酒的特性已经认识得非常清楚。但在当时饮葡萄酒仅是贵族的“特权”，而普通平民百姓是绝无口福的，这种情况到晋朝时才有所改善。

陆机在《饮酒乐》中写道：

蒲萄四时芳醇，琉璃千钟旧宾。
夜饮舞迟销烛，朝醒弦促催人。
春风秋月恒好，欢醉日月言新。

陆机（261—303）是陆逊的孙子。《饮酒乐》中的“蒲萄”指的是葡萄酒，诗中描绘的是当时上流社会奢侈的生活：一年四季喝着葡萄美酒，每天醉生梦死。这时的葡萄酒是王公贵族享用的美酒，但在当时已比较容易得到，绝非汉灵帝时孟佗用来贿官时的价格，否则谁也不可能一年四季都喝它。

5. 张弼士携带美酒参加盛会

1915 年，张弼士率领中国实业考察团远赴美国考察，恰逢旧金山各界盛会，举办国际商品大赛庆祝巴拿马运河开通。于是他把随身携带的“可雅白兰地”“玫瑰香红葡萄酒”“琼瑶浆”等送去展览和评比，这些酒在大赛中均获得优胜。后来，“可雅白兰地”的名称被改为“金奖白兰地”，如今一直被沿用。

目前，葡萄酒消费在中国还受到许多因素的制约，如葡萄酒的同质化、不讲究与饮食的搭配、价高质低等，这些都不利于葡萄酒文化的形成和传播。可喜的是，中国人在探索中国本土的葡萄酒文化的同时，也在逐渐吸收西方葡萄酒文化的精华，如进行博大精深的中国菜肴与葡萄酒搭配的探索，提倡用健康的方式饮酒等。相信随着葡萄酒在中国的普及，国人的葡萄酒消费心理和方式将越来越成熟，并逐渐形成具有中国特色的葡萄酒文化。①相信在不久的将来，我国的葡萄酒文化会越来越成熟。

六、葡萄酒的内涵及功效

（一）内涵

葡萄酒不仅是水和酒精的溶液，它还有丰富的内涵。

（1）80%的水。这里的水指的是生物学意义上的纯水，是由葡萄树直接从土壤中汲取的。

（2）9.5%~15%的乙醇，即酒精。它经由糖分发酵后所得，略甜，而且给葡萄酒以芳醇的味道。

（3）酸。有些来自葡萄，如酒石酸、苹果酸和柠檬酸；有些是酒精发酵和乳

---

① 杨超. 葡萄酒文化论文[D]. 长沙：湖南农业大学，2009.

酸发酵而生成的，如乳酸和醋酸。这些主要的酸，在酒的酸性风味和均衡味道上起着十分重要的作用。

（4）酚类化合物。每公升 1~5 克，主要是由自然红色素以及单宁等物质来决定。

（5）糖分每公升 0.2~5 克。不同类型的酒所含糖分有所不同。

（6）芳香物质每公升数百毫克，它们具有挥发性，种类很多。

（7）少量氨基酸、蛋白质和各种维生素，它们影响葡萄酒的营养价值。

（二）葡萄酒的功效

因为葡萄酒的成分十分复杂，而且因其是经自然发酵酿造出来的果酒，所以它具有丰富的内涵，对人体大有裨益，主要有以下几种。

（1）葡萄酒营养作用。葡萄酒是具有多种营养成分的高级饮料，适度饮用葡萄酒不仅能提升肌肉的张度，还能直接对人体的神经系统产生作用。除此之外，葡萄酒中含有的多种氨基酸、矿物质和维生素等能够直接被人体吸收，这对维持和调节人体的生理机能可起到良好的作用，尤其对身体虚弱、患有睡眠障碍者及老年人的效果更好。可以说葡萄酒是一种良好的滋补品。

（2）葡萄酒助医学作用。葡萄酒中的单宁，不仅可以调整肠道肌肉系统中平滑肌纤维的收缩性，调整结肠的功能，还对结肠炎的治疗有一定的功效。虽然葡萄酒的营养价值很高，但是它仍具有一定的酒精含量，不能过量饮用。否则，它将会破坏人体的免疫机能，增加人体的患病概率。

（3）延缓衰老。人体跟金属一样，在大自然中会逐渐“氧化”。人体氧化不是由氧气造成的，而是由氧自由基造成的，它是一种细胞核外含不成对电子的活性基团。这种不成对的电子很易引起化学反应造成的，损害脱氧核糖核酸、蛋白质和脂质等重要生物分子，进而影响细胞膜转运过程，使各组织、器官的功能受损，以此促进机体老化。红葡萄酒中含有较多的抗氧化剂，如酚化物、鞣酸、黄酮类物质、维生素 C、维生素 E、微量元素硒、锌、锰等，能消除或对抗氧自由基，具有抗老防病的作用。

（4）预防心脑血管病。红葡萄酒能使血中的高密度脂蛋白升高，而含有的 HDL 能将胆固醇从肝外组织转运到肝脏进行代谢，所以对降低血胆固醇很有效，还能防治动脉粥样硬化。不仅如此，红葡萄酒中的多酚物质还能抑制血小板的凝集，防止血栓形成。

（5）预防癌症。葡萄皮中含有的白藜芦醇。不仅能防止正常细胞癌变，更能抑制癌细胞的扩散。在各种葡萄酒中，红葡萄酒中白藜芦醇的含量最高。

（6）保护牙齿作用。西班牙马德里食品科学研究所和瑞士苏黎世大学的科学团队发现，葡萄酒和葡萄籽萃取物能够有效祛除导致蛀牙和牙齿脱落的细菌，减缓细菌的生长，从而有效地防止蛀牙和牙齿脱落。

（7）预防老年痴呆。老年痴呆症已经成为一种世界性的老年性疾病，在世界范围内备受关注。葡萄酒可以降低阿尔兹海默病类型的大脑记忆功能区的淀粉类沉积，从而改善大脑的认知功能和记忆功能来预防老年痴呆。

（8）强健骨骼、活跃大脑的作用。每天适量喝点红酒具有强化骨骼的作用。美国塔夫斯大学的研究发现，适量喝点葡萄酒的人，不管男女，与不喝的人相比具有更高的骨质密度。葡萄酒还可以提高人体有益胆固醇的含量，从而让血液更通畅地流向大脑。研究表明，适量饮酒可以扩张脑血管，增加高血流量，激发脑智能，增强记忆力。

七、葡萄酒的分类

按照国际葡萄与葡萄酒组织的规定，葡萄酒只能是用破碎或未破碎的新鲜葡萄果实或汁，完全或部分酒精发酵后所获得的饮料，其酒精度一般为 8.5%~16.2%。按照我国最新的葡萄酒标准 GB 15037—2006 的规定，葡萄酒是以鲜葡萄或葡萄汁为原料，经全部或部分发酵酿制而成的，酒精度不低于 7.0%的酒精饮品。根据国际与国内的分类标准，葡萄酒分为以下几类。

（一）按颜色分类

按葡萄酒的颜色来分，可分为红葡萄酒、白葡萄酒及桃红葡萄酒三类。其中红葡萄酒又可细分为干红葡萄酒、半干红葡萄酒、半甜红葡萄酒和甜红葡萄酒。白葡萄酒可细分为干白葡萄酒、半干白葡萄酒、半甜白葡萄酒和甜白葡萄酒。

（1）红葡萄酒。采用皮色红肉色白或皮肉皆是红色的葡萄，经过葡萄皮和汁混合发酵制作而成，总体的酒色呈自然深宝石红色、紫红色、宝石红色、石榴红等颜色，如有一些呈黄褐、棕褐或土褐等颜色的都不是红葡萄酒。

（2）白葡萄酒。用白葡萄或皮色红肉色白的葡萄以分离发酵制成。所制成的酒的颜色微黄中透着一点绿，近似无色或者浅黄色、禾秆黄。如有一些呈深黄、土黄、棕黄或褐黄等混杂颜色的都不是白葡萄酒。

（3）桃红葡萄酒。用带色的红葡萄带皮发酵或分离发酵制成的酒。这类酒的酒色为淡红色、桃红色或橘红色，如色泽过深或过浅则均不是桃红葡萄酒。另外，红、白葡萄酒按一定比例勾兑也可算是桃红葡萄酒。

（二）按酿造方式分类

（1）天然葡萄酒。完全采用葡萄原料进行发酵，发酵过程中不添加糖分、酒精及香料，以葡萄为基础再经过酒精转化而制得的一种开胃酒。

（2）加强葡萄酒。发酵成原酒后用添加白兰地或脱臭酒精的方法来提高酒精含量，叫加强干葡萄酒；既加白兰地或酒精，又加糖以提高酒精含量和糖度的叫加强甜葡萄酒，我国称其为浓甜葡萄酒。

（3）加香葡萄酒。采用葡萄原酒浸泡芳香植物再经调配制成，属于开胃型葡萄酒，如味美思、丁香葡萄酒、桂花陈酒；采用葡萄原酒浸泡药材精心调配而成，属于滋补型葡萄酒，如人参葡萄酒。

（4）葡萄蒸馏酒。采用优良品种葡萄原酒蒸馏，或发酵后压榨的葡萄皮渣蒸馏，或由葡萄浆经葡萄汁分离机分离得的皮渣加糖水发酵后蒸馏而得。一般再经细心调配的叫白兰地，不经调配的叫葡萄烧酒。

（三）按含糖量分类

（1）干葡萄酒。含糖量低于 4 克/升，品尝不出甜味，具有洁净、幽雅、香气和谐的果香和酒香。

（2）半干葡萄酒。含糖量为 4~12 克/升，微具甜感，酒的口味洁净、幽雅，味觉圆润，具有和谐愉悦的果香和酒香。

（3）半甜葡萄酒。含糖量为 12~45 克/升，具有甘甜、爽顺、舒愉的果香和酒香。

（4）甜葡萄酒。含糖量大于 45 克/升，具有甘甜、醇厚、舒适、爽顺的口味以及和谐的果香和酒香。

（四）按二氧化碳含量分类

（1）静酒。不含有自身发酵或人工添加二氧化碳的葡萄酒，即静态葡萄酒。

（2）起泡酒和汽酒。含有一定量二氧化碳气体的葡萄酒，该葡萄酒又分为两类。

① 起泡酒，所含二氧化碳是用葡萄酒加糖再发酵产生的。在法国香槟地区生产的起泡酒叫香槟酒，在世界上享有盛名。其他地区生产的同类型产品按国际惯例一般叫起泡酒。

② 汽酒：用人工的方法将二氧化碳添加到葡萄酒中叫汽酒，因二氧化碳作用使酒更具有清新、愉快、爽怡的味感。

（五）按酒精含量分类

（1）软饮料葡萄酒（或无泡酒）。这类酒被称为桌酒（table wine），颜色分红、白二色，酒精含量通常在 14%以下。

（2）起泡葡萄酒（sparking），主要生产于法国的香槟（champagne）、勃艮第（burgundy）和莫塞儿（moselle）等地，酒精含量不超过 14%。

（3）加强葡萄酒/加度葡萄酒（fortified），酒精含量通常为 14%~24%，种类有些厘/雪莉（sherry）、钵堤/波特（port）、马得拉（madeira）、马沙拉（marsala）、马拉加（malaga）等。

（4）加香料葡萄酒（aromatized），有意大利和法国产的红、白威末酒（vermouth），以及有奎宁味的葡萄酒等，酒精含量通常为 15.5%~20%。

（六）按葡萄汁含量分类

（1）全汁葡萄酒。全部是由葡萄汁酿制而成，以干红和干白为代表。

（2）半汁葡萄酒。半汁葡萄酒在国际市场上很少见，但在国内却有一定的市场，今后也许会有更多创新。

八、饮食葡萄酒的常识

（1）不宜兑入雪碧、可乐或加冰块饮用葡萄酒。

（2）红葡萄酒不须冰镇，而白葡萄酒冰镇后饮用口味更佳。

（3）患有糖尿病或者严重溃疡病的患者不宜饮用葡萄酒。

（4）经过研究人员调查，饮用葡萄酒有可能会造成哮喘发作。

另外，葡萄酒饮用时的温度对酒香及味觉的影响很大，必须特别注意，以免错误评估酒的品质。温度太低，香味会被锁在酒中无法释放，温度过高不仅酒精味会太重，也有可能产生不当的香味化合。酒温的标准以各类酒的特性而异，适当地调整酒温不仅可以使葡萄酒发挥它的优良特性，而且可以修正葡萄酒的不足和缺陷。

品尝葡萄酒主要原则是单宁越强，酒的温度要越高，甜度或酒精度高则酒温要低一点，香味丰富的酒温度可稍高一点。饮用红葡萄酒时的最佳温度为 16℃~

18℃，饮用白葡萄酒时的最佳温度为 8℃~12℃。[①]因此，在品尝一款葡萄酒时，选择适宜的温度也是必不可少的一大要点。

第二节 其 他 果 酒

一、果酒的概念

凡以新鲜水果或果汁为原料，用水果本身的糖分被酵母菌发酵成酒精的酒，酒度为 7.0%~18.0%（V/V）的酒，即称为果酒（fruit wine）。因水果酒具有新鲜水果香和醇正的酒香，所以许多家庭会自己酿造一些水果酒。如梨酒、杨梅酒、沙棘酒、荔枝酒、猕猴桃酒等。果酒的香气很复杂，有上百种物质构成果酒的香气，这些物质不仅气味各异，而且它们之间还通过累加、协同、分离以及抑制等相互作用，使果酒香气千变万化、多种多样。[②]

二、酿造方法

（一）果酒的原料选择

原料品种是保证果酒产品质量的因素之一，它将直接影响果酒酿制后的感观，虽然对酿造果酒的水果没有限制，但是以猕猴桃、杨梅、橙、葡萄、蓝莓、红枣、樱桃、荔枝、蜜桃、柿子、草莓等作为原料酿造为果酒较为理想。选取水果时要求其成熟度达到全熟透，果汁糖分含量高，无霉烂变质、病虫害等现象。

（二）酿制工艺

1. 果酒酿造的工艺流程

鲜果→分选→破碎→除梗→果浆→分离取汁→澄清→清汁→发酵→倒桶→储酒→过滤→冷处理→调配→过滤→成品。

2. 工艺简述

（1）发酵前的处理，包括水果的选别、破碎、压榨、果汁的澄清，果汁的改良等。破碎要求每粒种子破裂，但不能将种子和果梗破碎，否则将会破坏种子内

---

① 王义潮. 葡萄酒的品评和鉴赏[D]. 青岛农业大学成人高等教育，青岛农业大学继续教育学院，2010.

② 何义. 鸭梨果酒酿造专用产香酵母菌分离鉴定及香气成分分析[D]. 河北农业大学，2006.

的油脂、糖苷类物质及果梗内的一些物质，而且还会增加酒的苦味。为了防止果梗中的青草味和苦涩物质溶出，破碎后的果浆应该立即与果梗分离。可采用的破碎机有双辊压破机、鼓形刮板式破碎机、离心式破碎机、锤片式破碎机等。

（2）渣汁的分离。破碎后不再加压而自行流出的果汁叫自流汁，加压后流出的汁液叫压榨汁。自流汁的质量好，可单独发酵制取优质酒。其压榨分两次进行，第一次逐渐加压，尽可能压出果肉中的汁，质量稍差，应分别酿造，也可与自流汁合并。将残渣疏松，加水或不加，进行第二次压榨，压榨汁杂味重，质量低，可做蒸馏酒或其他用途。压榨设备一般使用连续螺旋压榨机。

（3）果汁的澄清。压榨汁中的一些不溶性物质在发酵中会产生不良效果，给酒带来杂味，而且，用澄清汁制取的果酒胶体稳定性高，对氧的作用不敏感，酒色淡，含铁量低，芳香稳定，酒质爽口。

（4）二氧化硫处理。二氧化硫在果酒中具有杀菌、澄清、抗氧化、增酸，使色素和单宁物质溶出、还原等作用，还能使酒的风味变好。可以使用气体二氧化硫和亚硫酸盐，前者可用管道直接通入，后者则需溶于水后加入。发酵基质中二氧化硫浓度为 60~100 毫克/升。此外，还需考虑以下因素：原料含糖量高时，二氧化硫结合机会增加，用量略增；原料含酸量高时，活性二氧化硫含量高，用量略减；温度高，易被结合且易挥发，用量略减；微生物含量和活性越高、越杂，用量越高；霉变严重，用量增加。

（5）果汁的调整。酿造酒精含量为 10%~12%的酒，果汁的糖度需 17~20Bx，实际加工中常用的主要物质是蔗糖或浓缩汁。

（6）酒精发酵。

① 酒母的制备。酒母指的是扩大培养后加入发酵醪的酵母菌，生产上需经三次扩大后才可加入，分别称一级培养（试管或三角瓶培养）、二级培养、三级培养，最后用酒母桶培养。方法如下。

一级培养。在生产前 10 天左右选成熟无变质的水果，将其压榨取汁，装入洁净、干热灭菌过的试管或三角瓶内。试管的装量比例为 1/4，三角瓶为 1/2。装后在常压下沸水杀菌 1 小时或 58kPa 下 30 分钟。冷却后接入培养菌种，摇动果汁使之分散，最后进行培养，发酵旺盛时即可供下级培养。

二级培养。在洁净、干热灭菌的三角瓶内装 1/2 果汁，接入上述培养液，然后进行培养。

三级培养。选洁净、消毒的 10 升左右的玻璃瓶，装入发酵栓后加果汁使其达到容积的 70%左右。加热杀菌或用亚硫酸杀菌，后者每升果汁应含二氧化硫 150 毫克，但需放置一天。瓶口用 70%酒精进行消毒，接入用量为 2%的二级菌种，在保温箱内培养，待其繁殖旺盛后，可扩大使用。

酒母桶培养。将酒母桶用二氧化硫消毒后，装入 12~14Bx 的果汁，在 28℃~30℃下培养 1~2 天即可作为生产酒母。培养后的酒母即可直接加入发酵液中，用量为 2%~10%。

② 发酵设备。发酵设备要求能控温，易于洗涤、排污，通风换气良好。使用前应先进行清洗，用二氧化硫或甲醛熏蒸进行消毒处理。发酵容器也可制成发酵储酒两用，要求不渗漏，能密闭，不与酒液起化学作用。发酵容器有发酵桶、发酵池，也要有专门的发酵设备，如旋转发酵罐、自动连续循环发酵罐等。

果汁发酵。发酵分主（前）发酵和后发酵，主发酵时，将果汁倒入容器，装入量为容器容积的 4/5，然后加入 3%~5%的酵母，搅拌均匀，温度控制在 20℃~28℃，发酵时间一般为 3~12 天。酵母的活性随发酵温度变化。残糖降为 0.4%以下时主发酵结束。然后进行后发酵，即将酒容器密闭并移至酒窖，在 12℃~28℃下放置一个月左右。发酵结束后要进行澄清，澄清的方法与果汁相同。

③ 成品调配。果酒的调配主要有勾兑和调整。勾兑即选择原酒按适当的比例混合，然后根据产品质量标准对勾兑酒的某些成分进行调整。勾兑，一般先选一种质量接近标准的原酒作基础原酒，再选一种或几种其他的酒作勾兑酒，加入一定的比例后进行感官和化学分析，从而确定比例。调整，主要包括酒精含量、糖、酸等指标。酒精含量的调整最好用同品种酒精含量高的酒进行调配，也可加蒸馏酒或酒精；甜酒若含糖不足，用同品种的浓缩汁效果最好，视产品的质量而定，也可用砂糖；酸分不足可用柠檬酸。

（7）过滤、装瓶、杀菌。过滤有硅藻土过滤、薄板过滤、微孔薄膜过滤等方式。果酒常用玻璃瓶包装。装瓶时，空瓶用 2%~4%的碱液在 50℃以上温度浸泡后，清洗干净，沥干水后杀菌。酒可先经巴氏杀菌再进行热装瓶或冷装瓶，若是含酒精低的果酒，装瓶后还应再进行杀菌。

三、代表酒

（一）杨梅酒

杨梅酒是以鲜杨梅作为原料，经破碎、榨汁、发酵精制而成的果酒。杨梅属杨梅科，常乔木，亦有“珠仁”之称。其叶质呈全绿，先端稍有钝锯齿，倒披针形或倒卵状椭圆形。原产于我国，主要分布在长江以南各地。果汁一般糖度在7°~9°，出汁率在60%~70%。

（1）杨梅酒工艺流程。杨梅果→分选→破碎→压榨（渣核加糖水加酵母发酵，蒸馏为杨梅白兰地）→果汁（加白糖液、二氧化硫、人工酵母）→发酵2天（加糖液）→发酵4天（加糖液）→发酵终止→封闭容器储存→调配→过滤→陈酿→过滤→装瓶→杀菌→包装→成品入库。

在加入人工酵母之前，应加入60%（V/V）左右的脱臭酒精，使其达到4%（V/V）左右，在第1次加7%白砂糖，使糖度提高到14克/升左右之后加入100毫克/升二氧化硫，在其静止后接入10%~15%的人工酵母液，使发酵液pH一般控制在3.5~4。可采用0.1%~0.5%的柠檬酸进行调节。装瓶杀菌65℃，10分钟即可。

（2）杨梅酒的特点。酒色呈淡橙红色，清亮透明，有杨梅果的独特香气。酒味醇和、酸甜适口，具有杨梅果酒独特风格。它的酒度为：17%~18%，糖度140~150克/升，总酸5~6克/升。

（二）荔枝酒

荔枝酒是以优质鲜荔枝为原料，经去壳去核、破碎、压榨、发酵、陈酿精制而成的果酒。有些荔枝酒以鲜荔枝果汁加入陈酿米酒，并以红曲调色，配制而成。荔枝属无患子科，常绿乔木，生长期一般为2~7月。荔枝的果实呈圆形，果皮有多数鳞斑状突起，颜色鲜红、紫红、青绿或青白色。假种皮（俗称“果肉”）新鲜时半透明，凝脂状，多汁，味甘美，有芳香，故有“果中皇后”的美称。主要分布在我国的南部，如广东、广西、福建、四川、云南、台湾等地。果实营养丰富，可溶性固形物达12.9%~21.0%。

（1）荔枝酒工艺流程：荔枝果→分选→剥去果壳和果核→压榨（加水）→前发酵（加白砂糖，调整酸和酒，加二氧化硫，最后加入人工酵母）→分离→后发酵陈酿→过滤→装瓶→杀菌→冷却→包装→成品入库。

酿酒原料要求选择成熟度高的新鲜优质且无病虫害、无霉烂变质的荔枝果洗净沥干。对果肉加树脂处理的水进行压榨。发酵时加入人工培养酵母5%~10%。分离之后，进入后发酵陈酿1~2个月。装瓶水浴杀菌温度在65℃~72℃，保持15分钟，自然冷却后，再进行包装。

（2）荔枝酒的特点。酒色呈棕褐色，清亮透明，有荔枝的果香和酒香。酒味醇和适口，酸甜适中，具有独特的荔枝酒风格。它的酒度为16%~17%，糖度为115~125克/升，总酸为3~4克/升。

（三）中华猕猴桃酒

中华猕猴桃酒，是由野生猕猴桃果实，经洗涤破碎，接入人工培养酵母进行发酵，调配而成的低度果酒。猕猴桃原产于我国，年产量约有 1.5 亿公斤，其主要产地主要分布于四川、湖南、江苏、安徽、浙江、广西、台湾等 16 个地区。猕猴桃是一种野生藤木果树，为落叶攀缘绕藤本植物。猕猴桃全国有 56 个品种，品种繁杂，如中华猕猴桃、软枣猕猴桃、狗枣猕猴桃、葛枣猕猴桃、阔叶猕猴桃、毛花猕猴桃等。其中中华猕猴桃的经济价值最高，中华猕猴桃经人工培植的硬毛变种的果实在国际市场上已成为名贵的品种。中华猕猴桃，果皮呈棕褐色或黄绿色，无毛或被有短绒毛，果实在 8—10 月成熟，果实重达 13~80 克，成熟度在九成以上，采摘后，须经过 2~3 天催熟，果实变软之后才能加工。

（1）中华猕猴桃酒工艺流程。猕猴桃→分选→催熟果→破碎→榨汁→澄清→调整成分→前发酵→倒桶→后发酵→分离过滤→装瓶→成品入库。

（2）中华猕猴桃酒的特点。酒色呈浅黄，澄清有光泽，具有新鲜悦怡的猕猴桃果香及酒香，味醇正谐调、甜酸适口、酒体丰满、风格独特。从干型到甜型，猕猴桃酒酒精度为 8%~13%；总糖度 6~8 克/升；挥发酸≤1 克/升；维生素≥100 毫克/升。

四、如何品鉴果酒

（1）赏果酒外观。酒体应具有该种水果原本的色泽，酒液清澈，无混浊现象。

（2）闻果酒香气。酒香越丰富，酒的品质越好。果酒一般应具有该种水果独特的香气，陈酒还应具有浓郁的酒香，而且一般都是果香与酒香混为一体。

（3）尝果酒口感。真正果酒的味道应该是果香浓郁，酒香醇厚而无异味，口感酸甜而不失清爽。果酒按照滋味分为甜型果酒和干型果酒，甜型果酒要甜而不腻，干型果酒要干而不涩，不得有突出的酒精气味。

（4）鉴果酒色素。果酒应该含天然色素，鉴别时，只需要在酒杯里放入几张纸巾，酒的颜色不变说明添加的是天然色素，变清则代表添加的是人工色素。

五、果酒发展前景

果酒度数低，并且具有多重保健和美容功效，主要针对的消费对象是年轻人群，年轻的消费者选择产品的依据逐渐向自己真正需要的保健养生功能、品质及文化等方面转变，而不是对价格和品牌的盲目追逐，因此果酒符合未来的发展趋势。

果酒有以下发展优势。

（1）具有广阔的市场。果酒在中国市场虽仅仅起步十多年，还没有找到一个成熟的销售模式，但中国酒水市场空间巨大，近两年来新品类产品呈上升的发展趋势，整个产业氛围逐渐变好，尤其是大型酒企对果酒大力投入，更有利于整个果酒品类的发展。

（2）发展机会多。我国水果原料丰富,年产量约 8000 万吨，用于加工的不到 10%，此外，加工果酒的企业也在快速发展。目前中国的果酒酿造技术逐渐成熟，随着水果的多样化以及果酒消费市场的快速发展，未来会有更多的新产品出现，果酒会迎来更大的发展机会。

（3）满足营养健康需求。果酒营养丰富，口感独特，维生素含量高，在人们普遍注重营养健康的时代，是一种顺应潮流的产品。

（4）带动相关产业发展。四季水果可以延伸几百种甚至上千种果酒、果脯、果汁产品。由于我国的水果资源远超其他国家，所以果酒不仅在中国销售市场前景广阔，在国外市场也一定会大受欢迎。

第六章

蒸 馏 酒

第一节 中 国 白 酒

一、中国白酒概述

1. 概念

白酒是世界八大蒸馏酒（白酒 Spirit、白兰地 Brandy、威士忌 Whisky、伏特加 Vodka、金酒 Gin、朗姆酒 Rum、龙舌兰酒 Tequila、日本清酒 sake）之一。白酒又可称为烧酒、白干，是中国一种传统的饮料酒。《本草纲目》记载："烧酒非古法也，自元时创始其法，用浓酒和糟入甑（指蒸锅），蒸令气上，用器承取滴露。"由此可见，我国白酒的生产已有很长的历史。

白酒属于大曲酒类，主要以茅台酒、贵州贵酒、双沟酒、郎酒为代表。这种酒类具有酱香突出、幽雅细致、酒体醇厚、回味悠长、清澈透明、色泽微黄的特点。它以酱香为主，略有焦香（但不能出头），香味细腻、复杂、柔顺含泸（泸香）不突出，酯香柔雅协调，先酯后酱，酱香悠长，杯中香气经久不变，空杯留香经久不散（茅台酒有扣杯隔日香的说法），味大于香，苦度适中，酒度低而不变。

2. 特点

白酒作为中国特有的一种蒸馏酒，它具备酒质无色（或微黄）透明、气味芳香纯正、入口绵甜爽净、酒精含量较高等特点。

3. 白酒制作工序

（1）选料。一般是将高粱、玉米、小麦、大米、糯米、大麦、荞麦、青稞等粮食和豆类等（不包括薯类与果蔬类）作为原料，要求作物的颗粒均匀饱满、新鲜、无虫蛀、无霉变、干燥适宜、无泥沙、无异杂味、无其他杂物。

原料中还包括一些辅料，除此之外水也是重要的原料之一，所谓"水为酒之血""好水酿好酒"，说的就是水源对酿酒的重要意义。

（2）制曲。用发霉的谷物，制成酒曲，用酒曲中所含的酶制剂将谷物原料糖化发酵成酒。

（3）发酵。只有在配料、蒸粮、糖化、发酵、蒸酒等生产过程中都采用固体状态流转而酿制的白酒，才能称为固态发酵白酒。发酵的过程其实就是将上一个阶段生成的糖发酵转化成酒精的过程。

（4）蒸馏。靠发酵产生的酒精度数其实是很低的，为了提高酒精含量，一般还要进行蒸馏提纯，主要采用甑桶作容器进行缓慢蒸馏，除此之外，还可采取将黄水、酒尾倒入锅底进行蒸馏等措施。

（5）陈酿。陈酿也叫老熟，经过蒸馏的高度原酒只能算半成品，辛辣，不醇和，只有在特定环境中储存一段时间使其自然老熟，才能使酒体绵软适口，醇厚香浓。

（6）勾兑。勾兑是指允许用不同轮次和不同等级的酒及各种调味酒进行勾调，绝不允许配加混合香酯和非白酒发酵的香味物质。

（7）灌装。经过勾兑后的成品酒经过检验合格后，方可灌瓶贴标。然后就可以进入市场和消费者见面了。

4. 功能

适量饮用白酒对人体的健康不仅不会产生危害，还可以起到预防心血管病、消除疲劳和紧张、开胃消食、驱除寒冷、促进新陈代谢、舒筋活血等功效。

（1）预防心血管病。饮用少量的白酒，可增加人体血液内的高密度脂蛋白，这种高密度脂蛋白又可将导致心血管病的低密度脂蛋白从血管和冠状动脉中转移，从而有效地减少冠状动脉内胆固醇沉积，起到预防心血管病的作用。

（2）消除疲劳和紧张。饮用少量的白酒，能够通过酒精对大脑和中枢神经起到消除疲劳、松弛神经的功效。

（3）开胃消食。在进餐的同时，饮用少量的白酒，可以增加食欲，促进食物的消化，但是过多饮用白酒则会导致肠胃不适。

（4）驱除寒冷。白酒中含有大量的热量，饮用之后，这些热量会被人体迅速吸收。

（5）促进新陈代谢。白酒中含有较多的酒精成分，并且热量较高，因而能够促进人体的血液循环，对全身皮肤起到一定良性的刺激作用，从而可以促进人体新陈代谢。这种良性的刺激作用还能作用于神经传导，从而对全身血液都能有良好的贯通作用。

（6）舒筋活血。白酒可以舒筋通络、活血化瘀，这一功效在我国民间早已得到了普遍的应用。

二、中国白酒的分类

1. 按照原料分类

白酒主要以高粱、小麦、大米、玉米等为原料，所以白酒又常按照酿酒所使用的原料来冠名，其中以高粱为原料的白酒是最多的。

2. 按照使用酒曲分类

（1）大曲酒，以大曲做糖化发酵剂而生产出来的酒。大曲以大麦、小麦和一定数量的豌豆为主要原料，一般是固态发酵，又分为中温曲、高温曲和超高温曲三种。大曲酒所酿的酒质量较好，多数名优酒均以大曲酿成，如泸州老窖、老酒坊、紫砂大曲等。

（2）小曲酒，以小曲做糖化发酵剂而生产出来的酒。小曲以稻米为主要原料，采用半固态发酵的方法酿制而成，南方的白酒多是小曲酒。

（3）麸曲酒，以麦麸做培养基接种的纯种曲霉做糖化剂，以纯种酵母做发酵剂生产出的酒。因为发酵时间短、生产成本低，所以被多数酒厂所采用，此类酒的产量也是最大的。麸曲酒一般为普通白酒。

（4）混曲酒，主要是大曲和小曲混用所酿成的酒。

3. 按照发酵方法分类

（1）固态法白酒，在配料、蒸酿、糖化、发酵、蒸酒等生产过程中都采用固体状态流转的方法而酿制的白酒。发酵容器主要是用地缸、窖池、大木桶等设备，多采用甑桶蒸馏。固态法白酒具有酒质较好、香气浓郁、口感柔和、绵甜爽净、余味悠长的特点，国内名酒大多数都是固态发酵白酒。

（2）液态法白酒，以液态法发酵蒸馏而得出的食用酒精为酒基，再经串香、勾兑而成的白酒。发酵成熟醪中水的含量比较大，发酵蒸馏都是在液体状态下进行。

4. 按照香型分类

（1）浓香型白酒，也称为泸香型、窖香型、五粮液香型，属大曲酒类。这种类型白酒的特点可用六个字和五句话来概括：六个字是香、醇、浓、绵、甜、净；

五句话是窖香浓郁，清冽甘爽，绵柔醇厚，香味协调，尾净余长。浓香型白酒以粮谷为原料，经固态发酵、储存、勾兑而成，典型代表有泸州老窖、老酒坊、紫砂大曲等。

（2）酱香型白酒，也称为茅香型，以酱香突出、幽雅细致、酒体醇厚、清澈透明、色泽微黄、回味悠长为特点。

（3）米香型白酒，也称为蜜香型白酒，它是以大米为原料，小曲做糖化发酵剂，经半固态发酵酿制而成。其主要特征是：蜜香清雅、入口柔绵、落口爽冽、回味怡畅。

（4）清香型白酒，也称为汾香型白酒，以高粱为原料，通过清蒸清烧、地缸发酵而成，它具有以乙酸乙酯为主体的复合香气，有清香纯正、自然谐调、醇甜柔和、绵甜净爽的特点。

（5）兼香型白酒，以谷物为主要原料，经发酵、储存、勾兑、酿制而成，具有酱浓谐调、细腻丰满、回味爽净、幽雅舒适、余味悠长等特点。

（6）凤香型白酒，香与味、头与尾谐调一致，属于复合香型的大曲白酒，酒液无色、清澈透明、入口甜润、醇厚丰满，有水果香，尾净味长。凤香型白酒受喜饮烈性酒之人所钟爱。

（7）豉香型白酒，以大米为原料，小曲为糖化发酵剂，半固态液态糖化发酵酿制而成。

（8）药香型白酒，清澈透明，香气典雅，浓郁甘美，略带药香，醇甜爽口，余味悠长。

（9）特香型白酒，以大米为原料，富含复合香气，香味谐调，余味悠长。

（10）芝麻香型白酒，以焦香、煳香气味为主，无色、清亮透明，口味比较醇厚爽口。

（11）老白干香型白酒，以酒色清澈透明、醇香清雅、甘洌挺拔、诸味协调而著称。

三、中国白酒的历史文化

1. 夏朝至秦朝

相传夏禹时期的仪狄发明了酒，公元前 2 世纪史书《吕氏春秋》云：仪狄作酒。汉代刘向编辑的《战国策》则进一步说明：昔者，帝女令仪狄作酒而美，进之禹，禹饮而甘之。遂疏仪狄，绝旨酒，曰：后世必有以酒亡其国者。

在几千年漫长的历史过程中，中国传统酒的文化呈段落性发展。公元前 4000—前 2000 年，即由新石器时代的仰韶文化早期到夏朝初年，为第一个时期。这个时期，经历了漫长的 2000 年，是我国传统酒的启蒙期。

从公元前 2000 年的夏王朝到公元前 200 年的秦王朝，历时 1800 年，这段时间为我国传统酒的成长期。在这个时期，有了火，出现了五谷六畜，加之酒曲的发明，我国成为世界上最早用曲酿酒的国家。醴、酒等品种的产出，仪狄、杜康等酿酒大师的涌现，也为中国传统酒的发展奠定了坚实的基础。

2. 唐、宋至魏晋

公元前 200 年的秦王朝到公元 1000 年的北宋，历时 1200 年，这段时期为我国传统酒的成熟期。在这一时期中，《齐民要术》《酒法》等科技著作问世，新丰酒、兰陵美酒等名优酒品开始涌现，黄酒、果酒、药酒及葡萄酒等酒品也有了发展，李白、杜甫、白居易、杜牧、苏东坡等酒文化名人辈出，各方面的因素都促使了中国传统酒的发展进入灿烂的黄金时代。酒之大兴，始自东汉末年至魏晋南北朝时期。到了魏晋，酒业更加壮大兴盛，饮酒不但盛行于上层社会，而且普及民间的普通人家。这段时期的汉唐盛世及欧、亚、非陆上贸易的兴起，使中西方酒文化得以互相渗透，为中国白酒的发明及发展进一步奠定了基础。

3. 元代

元代中国与西亚和东南亚交通方便，在文化和技术等方面多有交流。章穆写的《饮食辨》中说：烧酒，又名火酒、阿剌古。“阿剌古”为番语，现有人查明“阿剌古”“阿剌吉”“阿剌奇”皆为译音，是指用棕榈汁和稻米酿造的一种蒸馏酒，在元代传入中国。

4. 明代

1998 年 8 月，在成都市锦江畔发现了明朝初年的水井街坊遗址，这是我国至今为止发现连续生产白酒长达 800 年的实证，体现了中国有着世界上独创的酿酒技术。

5. 清代

白酒在清朝发扬光大，逐渐替代了“杜康”的朝代，绝大多数的名牌蒸馏酒都创始于清朝。

日本东京大学名誉教授坂口谨一郎曾说中国创造酒曲，利用霉菌酿酒，并推广到东亚，其重要性相当于中国的四大发明。白酒是用酒曲酿制而成的，是中华民族的特产饮料，又为世界上独一无二的蒸馏酒，称为烈性酒，它使中国成为全球酒类饮料产销大国，在政治、经济、文化和外交等领域发挥着积极作用。

四、中国白酒的代表

1. 茅台酒

茅台酒是世界三大名酒之一，也是中国三大名酒“茅五剑”之首。茅台酒的文化源远流长，已有 800 多年的历史，是我国大曲酱香型酒的鼻祖，也是酿造者以神奇的智慧，提高粱之精，取小麦之魂，采天地之灵气，捕捉特殊环境里不可替代的微生物发酵、糅合、升华而耸起的酒文化丰碑。

据史料记载，早在公元前 135 年，古属地茅台镇就酿出了使汉武帝“甘美之”的枸酱酒，盛名于世。茅台镇还具有极特殊的自然环境和气候条件，它位于贵州高原最低点的盆地，海拔仅仅 440 米，远离高原气流，终日云雾密集。夏日持续 5 个月都达到 35℃~39℃的高温，一年之中有大半年的时间都笼罩在闷热、潮湿的雨雾之中。这种特殊气候、水质、土壤条件，对于酒料的发酵、熟化非常有利，同时也对茅台酒中香气成分的微生物产生、精化、增减起了决定性的作用。可以说，如果离开这里的特殊气候条件，酒不可能如此醇香。这就是为什么长期以来，茅台镇周围地区或全国部分酱香型酒的厂家极力仿制茅台酒，而不得成功的道理。只有在茅台镇，才能制出如此精美绝伦的好酒。

2. 西凤酒

西凤酒是我国最古老的历史名酒之一，产生于殷商时代，于唐宋之时达到顶峰，距今已有 3000 多年的历史。在唐朝西凤酒就以“甘泉佳酿，清冽醇馥”被列入珍品而闻名于世。在 1876 年（清光绪二年）举行的南洋赛酒会上，荣获二等奖，蜚声国外。在我国第一、二届全国评酒会上被评为国家名酒。除了在国内销售，还远销世界许多国家和地区。

西凤老酒是我国“八大名酒”之一，原产地是陕西省凤翔、宝鸡、岐山、眉县一带，凤翔自古以来盛产美酒，尤以柳林镇所酿造的酒为上乘。至今，“东湖柳、西凤酒”的佳话仍然在民间流传。唐贞观年间，老西凤酒就有“开坛香十里，隔壁醉三家”的荣誉。到明代，凤翔境内则是“烧坊遍地，满城飘香”，酿酒业大振，路人常“知味停车，闻香下马”，以品尝西凤酒为乐事。

3. 五粮液

中国三大名酒“茅五剑”之一的五粮液，位于万里长江第一城酒都宜宾，这座城市是中国酒文化的缩影。

有道是“川酒甲天下、精华在宜宾”。宜宾的酒文化距今已有 2000 多年的历史，五粮液是中国酒文化的提炼和结晶。宜宾属南亚热带到暖湿带的立体气候，山水交错，常年温差和昼夜温差小，湿度大，土壤丰富，有水稻土、新积土、紫色土等六大类优质土壤，非常适合种植糯、稻、玉米、小麦、高粱等作物，而这些正是酿造五粮液的主要原料。尤其是宜宾紫色土上种植的高粱，属糯高粱种，所含淀粉大多为支链淀粉，是五粮液独有的酿酒原料。而五粮液筑窖和喷窖用的弱酸性黄黏土，黏性强，富含磷、铁、镍、钴等多种矿物质，尤其是镍、钴这两种矿物质只有五粮液培养泥中才有微弱含量，其他酒厂的培养泥中都没有。这个生态环境非常有利于酿酒微生物的生存，如果缺少这些环境因素，五粮液的酒味就不会这么全面，可以说，大自然给予了五粮液独一无二的天时地利之美。

4. 泸州老窖

泸州老窖特曲于 1952 年被国家确定为浓香型白酒的典型代表，泸州老窖国宝酒经国宝窖池精心酿制而成，是当今最好的浓香型白酒。

泸州老窖股份有限公司位于四川泸州国窖广场，是具有 400 多年酿酒历史的国有控股上市公司，拥有我国建造最早（始建于公元 1573 年）、连续使用时间最长、保护最完整的老窖池群。1996 年经国务院批准誉为“中国第一窖”，为全国重点文物保护单位，以其独一无二的社会、经济、历史、文化价值成为世界酿酒史上的奇迹。

1952 年，在第一届全国评酒会上，泸州老窖被评为全国四大名酒之一。在以后的历届评酒会中蝉联全国名酒称号，并多次荣获国家金质奖，共获得重大国际金牌 17 枚，“泸州”牌注册商标是中国首届十大驰名商标之一。经国家权威无形资产评估机构认定，泸州老窖品牌价值高达 102 亿元，企业还先后荣获“全国质量效益型先进企业”“中国企业最佳综合经济效益 500 强”等荣誉称号。

五、中国白酒的选购

1. 观察包装

在购买白酒的时候，一定要认真综合审视该酒的商标名称、色泽、图案以及标签、瓶盖、酒瓶、合格证、礼品盒等方面的情况。好的白酒在标签的印刷方面是十分讲究的，纸质需精良白净、字体规范清晰，色泽鲜艳均匀，图案套色准确，油墨线条不重叠。真品包装的边缘接缝必须齐整严密，不会有松紧不均、留缝隙的现象，不要购买无厂名、厂址、生产日期的白酒。

2. 检查瓶盖

目前中国的名白酒的瓶盖一般都是使用的铝质金属防盗盖，这种瓶盖的特点是盖体光滑，形制统一，开启方便，盖上图案及文字整齐清楚，对口严密。如果是假冒产品，倒过来时往往滴漏而出，盖口不易扭断，而且图案、文字也会模糊不清。

3. 观察质量

若是无色透明玻璃瓶包装，把酒瓶拿在手中，慢慢地倒置过来，对着光观察瓶的底部，如果有下沉的物质或有云雾状现象，说明酒中杂质较多；如果酒液不失光、不浑浊，没有悬浮物，说明酒的质量上佳；从颜色上看，除酱香型酒外，一般白酒都应该是无色透明的。

4. 闻香辨味

把酒倒入无色透明的玻璃杯中，对着自然光观察，白酒应清澈透明，无悬浮物和沉淀物；然后闻其香气，用鼻子贴近杯口，辨别香气的高低和香气特点；最后品其味，喝少量酒并在舌面上铺开，分辨味感的薄厚、绵柔、醇和、粗糙以及酸、甜、甘、辣是否协调。低档劣质白酒一般是用质量不好的粮食做原料，工艺粗糙，喝着呛嗓、上头。

第二节 白 兰 地

一、白兰地概述

1. 概念

白兰地，狭义上讲，是指葡萄发酵后经蒸馏而得到的高度酒精，再经橡木桶储存而成的酒。白兰地是一种蒸馏酒，原料是水果，经过发酵、蒸馏、储藏之后酿造而成。以葡萄为原料的蒸馏酒叫葡萄白兰地，常讲的白兰地，都指的是葡萄白兰地。如果以其他水果原料酿成白兰地，应加上水果的名称，如苹果白兰地、樱桃白兰地等，但它们的知名度远不如葡萄白兰地。

2. 主要产区

白兰地通常被人称作“葡萄酒的灵魂”。世界上很多国家生产白兰地，但法国出品的白兰地最为著名。而在法国产的白兰地中，特别以干邑地区生产的最为优美，其次为雅文邑（阿曼涅克）地区。除去法国白兰地以外，其他盛产葡萄酒的国家，如西班牙、意大利、葡萄牙、美国、秘鲁、德国、南非、希腊等国家，也会生产一定数量风格各异的白兰地。独联体国家生产的白兰地，质量也相当不错。

3. 制作工艺

白兰地酿造工艺十分精湛，特别讲究陈酿时间与勾兑的技术，其中陈酿时间的长短更是衡量白兰地酒质优劣的重要标准。干邑地区各厂家储藏在橡木桶中的白兰地，甚至有的长达 40~70 年之久。他们使用不同年限的酒，按各自世代相传的秘方进行精心调配勾兑，创造出各种不同品质、不同风格的干邑白兰地。

白兰地中的香气成分主要来自葡萄本身、原酒发酵以及蒸馏过程，多酚类物质完全来自橡木桶陈酿过程（包括浸泡橡木板、橡木片和本花等）。陈酿过程中，木桶（不同产地或新旧橡木桶）、陈酿时间和陈酿方法（泡板）是白兰地中多酚类物质含量的决定性因素[①]，所以陈酿时间的控制以及木桶和陈酿方法的选择尤为重要。

酿造白兰地用来储存酒所使用的橡木桶十分讲究。由于橡木桶对酒质会有很大的影响，因此，木材的选择和酒桶的制作要求十分严格，最好的橡木是来自干邑地区利穆赞和托塞斯两个地方的特产橡木。白兰地酒质的优劣以及酒品的等级与其在橡木桶中的陈酿时间长短有着重要的关系，因此，酿藏对于白兰地酒来说是至关重要的。关于具体酿藏多少年，各酒厂依据法国政府的规定，所定的陈酿时间有所不同。需要特别强调的是，白兰地酒在酿藏期间酒质的变化，只是在橡木桶中进行的，装瓶后其酒液的品质不会再发生任何变化。

二、白兰地的国家标准及产区

1. 国家标准

在白兰地国家标准 GB 11856—1997 中将白兰地分为四个等级，即特级（X.O.）、优级（V.S.O.P.）、一级（V.O.）和二级（三星和 V.S.）。

---

① 姜忠军. 白兰地酿造工艺及质量评价指标研究[D]. 无锡：江南大学, 2006.

（1）美国

总体来说认为白兰地是一种利用果汁或水果酒或是其残渣进行发酵，蒸馏到95%（V/V）以内，馏出液具有这种产品的典型性的酒精饮料。它可以是完全没有病害、成熟的水果汁或果酱发酵的，也可以是加入了不到20%（以重量计）的皮渣的果汁或加入30%以内的酒脚（以体积计），或者是二者添加的果汁同时发酵后蒸馏的。在“白兰地”名称之前，冠以所用水果名称，但葡萄白兰地可直接称为白兰地，它必须在橡木桶中至少陈酿2年，陈酿时间不足的白兰地需用immature（未成熟）字样来标注。

皮渣白兰地是通过用水果皮渣蒸馏所得的白兰地。

超标准白兰地却是纯粹以酸败的果汁、果酱或葡萄酒（但其中不含有SO_2）蒸馏而成的，是已无原料的典型性。显然在美国，“白兰地”用词比较广泛，它既可表示比较高档的白兰地，也可表示超标准的白兰地。

（2）英国

作为可以进入市场销售的白兰地，必须是采用新鲜的葡萄汁，不加糖或酒精，发酵、蒸馏所得，而且必须陈酿至少3年。

（3）南非

白兰地必须是采用不加糖的新鲜葡萄酒蒸馏调配而成，其中应不少于30%的采用壶式蒸馏锅蒸馏的酒精[酒精度<75%（V/V）]，余下的酒度为75%~92%（V/V）的葡萄酒精或葡萄酒酒精［95%（V/V）］。白兰地必须在橡木桶中至少陈酿3年。

（4）澳大利亚

白兰地是使用新鲜葡萄酿制的蒸馏酒酒精度小于94.8%（V/V）的烈性酒饮料，应具典型性。白兰地中含不能少于25%（体积比）的壶式蒸馏锅蒸馏的酒精［酒精度<83%（V/V）］，在橡木桶中储存应不少于2年，甲醇含量小于3克/毫升［100%（V/V）乙醇］。禁止加粮食酒精，同时也不允许使用加了酒精的葡萄酒蒸馏白兰地，对于进口白兰地，还必须附有产地国出具的采用纯葡萄酒蒸馏的证明。

2. 主要产区及其特点

（1）干邑（Cognac）

干邑，音译为“科涅克”，是位于法国西南部波尔多北部夏朗德省境内的一个小镇，占地面积约为10万公顷。干邑地区土壤非常适宜葡萄的生长，但由于气候较冷，葡萄的含糖量较低（一般只有18%~19%），因此，其葡萄酒产品与南方的波尔多地区生产的葡萄酒相比相差不少。由于17世纪蒸馏技术的引进和19世纪法国皇帝拿破仑的庇护，干邑地区一跃成为葡萄蒸馏酒的著名产地。

干邑酿酒大多不会使用酿制红葡萄酒的葡萄，而是选用具有强烈耐病性、成熟期长、酸度较高的圣·迪米里翁、可伦巴尔、佛尔·布朗休三个著名的白葡萄品种。酿制红葡萄酒的葡萄果皮中含有大量的高级脂肪酸，蒸馏出来的白兰地酒中也会含有不少的脂肪酸，严重影响了酒的口味，消费者对这种酒的评价普遍不高，因此，多数白兰地酒生产商不使用这些葡萄来酿造。

干邑酒的特点：口感柔和、味道芳醇，极其精细讲究，酒体清亮透明，呈琥珀色，酒度一般在 43 度左右。

（2）阿曼涅克（Armagnac）

在我国南方和香港、台湾等地区，人们习惯把它称为“雅文邑”，是法国仅次于干邑的白兰地酒产地。根据记载，早在 1411 年法国阿曼涅克地区就开始蒸馏白兰地酒了。阿曼涅克位于法国加斯克涅地区（Gascony），在波尔多地区以南 100 英里处，根据法国政府颁布的《原产地名称法》的规定，除了产自法国西南部的阿曼涅克、吉尔斯县（Gers）以及兰德斯县、罗耶加伦等法定生产区域的白兰地外，其余产地一律不得在商标上标注阿曼涅克的名称，而只能标注白兰地。

阿曼涅克的生产工艺及特点。在酿制时，阿曼涅克酒也大多采用圣·迪米里翁、佛尔·布朗休等优秀的葡萄品种。采用独特的半连续式蒸馏器蒸馏一次，通过这种蒸馏方法蒸馏出的阿曼涅克白兰地酒十分清澈，并且酒精含量较高，同时含有挥发性物质，这些物质构成了阿曼涅克白兰地酒独特的口味。不过从 1972 年起，蒸馏技术的引进出现了二次蒸馏法的夏朗德式蒸馏器，这让阿曼涅克白兰地酒的酒质变得轻柔了许多。与干邑白兰地酒相比，阿曼涅克白兰地酒的香气较强，味道也比较新鲜有劲，具有阳刚风格。其酒色大多呈琥珀色，色泽深暗而带有光泽。

三、白兰地的历史起源

1. 白兰地欧洲的发展史

白兰地起源于法国，公元 12 世纪，干邑生产的葡萄酒就已经销往欧洲各国，外国商船也经常到夏朗德省滨海口岸购买葡萄酒。大约在 16 世纪中叶，为方便葡萄酒的出口，减少占用空间，降低税金，同时也为避免因长途运输发生的葡萄酒变质现象，干邑镇的酒商把葡萄酒加以蒸馏浓缩后出口，然后输入国的厂家再按比例兑水稀释出售。这种把葡萄酒加以蒸馏后制成的酒即为早期的法国白兰地。

当时，荷兰人把这种酒称作 brandewijn，即燃烧的葡萄酒（burnt wine）的意思。

17 世纪初，干邑镇蒸馏葡萄酒的方法被法国其他地区效仿，并由法国逐渐传播到整个欧洲的葡萄酒生产国家和世界各地。

1701 年，法国卷入西班牙王位继承战争，法国白兰地遭到禁运。白兰地不得不被酒商妥善储藏起来，以待时机。他们利用干邑镇盛产的橡木做成橡木桶，把白兰地储藏在木桶中。1704 年战争结束，酒商们意外发现，酒不仅没有变质，本来无色的白兰地竟然变成了美丽的琥珀色，而且香味更加浓郁。于是从那时起，橡木桶陈酿工艺就成为干邑白兰地的重要制作程序。这种制作程序也很快流传到世界各地。

公元 1887 年以后，法国出口外销的白兰地包装，从木桶装扩展到木桶装和瓶装。随着产品外包装的改进，干邑白兰地的价格也随之提高，销售量稳步上升。据统计，当时每年出口干邑白兰地的销售额已达 3 亿法郎。

2. 白兰地在中国的发展史

白兰地生产在我国历史悠久，专门研究中国科学史的英国李约瑟（Joseph Needham）博士曾发表文章认为，白兰地当首创于中国。根据《本草纲目》记载："烧者，取葡萄数十斤，同大曲酿酢，取入甑蒸之，以器承其滴露，古者西域造之，唐时破高昌，始得其法。"但直到中国第一个民族葡萄酒企业——张裕葡萄酿酒公司成立后，国内白兰地才真正得以发展。中国的葡萄酒业发展如此迅速，张弼士先生功不可没，单说他建立的一个地下大酒窖，就可谓气势磅礴。酒窖深 7 米，低于海平面一米多，近 100 年都稳稳地扎根于沙滩上。酒窖从 1895 年开始修建，历时 10 年经 3 次改造，直到 1905 年才建成，采用的是土洋建筑法的结合，从此白兰地在中国扎下坚实的基础。

1915 年，国产白兰地"可雅"在太平洋万国博览会上获金奖。我国拥有了自己品牌的优质白兰地，可雅白兰地也从此改名为金奖白兰地。但白兰地毕竟为"洋酒"，想要被国人普遍接受认可，尚需长时间的渗入潜化，况且白兰地工艺复杂，成本较高，价格比白酒偏高，因此生产规模一直不大。

20 世纪 80 年代后，改革开放使国门大开，"洋"字打头的物品迅速为国内所接受。进口白兰地迅猛地涌入国内市场，在冲击了国内市场的同时，也使人们加深了对白兰地的认识，从而使国内白兰地生产得以发展，生产量逐年增加。

3. 自酿白兰地

由于中国白兰地种类少，价格昂贵，广大酿酒爱好者喜欢自酿白兰地。采用葡萄发酵，通过 3D 蒸酒器蒸馏得到高度的葡萄蒸馏酒，然后将酒度调到 42 度，再放入橡木桶存放数月，即可品尝白兰地。当然由于橡木桶比较贵，也可以加入橡木片在酒中浸泡数月，也能制成白兰地。

四、白兰地的酒品分类

1. 按产地分类

（1）法国白兰地（Franch brandy）

除干邑和阿曼涅克以外的任何法国葡萄蒸馏酒都统称为白兰地。生产、酿藏这些白兰地酒的过程中政府没有太多的硬性规定，酿藏一般不需太长时间，就可以上市销售，其品牌价格低廉，种类较多，质量不错，外包装也比较讲究，在世界市场上很有竞争力。法国白兰地在酒的商标上常标注“Napoleon”（拿破仑）和“X.O.”（特酿）等标志以区别其级别。其中以标注“Napoleon”的最为广泛，真正俗称拿破仑牌子的白兰地是克罗维希（Courvoisier）、马爹利（Martell）、轩尼诗（Hennessy）、人头马（Remymartin），它们并称四大干邑。

（2）其他国家出产的白兰地

美国白兰地（Ameican brandy）：美国白兰地产区以加利福尼亚州为代表。200 多年以前，加州就已经开始蒸馏白兰地。到了 19 世纪中叶，白兰地已成为加州政府葡萄酒工业的重要附属产品。

西班牙白兰地（Spanish brandy）：西班牙白兰地主要被用来作为生产杜松子酒和香甜酒的原料。

意大利白兰地（Italian brandy）：意大利是生产和消费大量白兰地的国家之一，同时也是出口白兰地最多的国家之一。

德国白兰地（German brandy）：德国白兰地的生产中心是莱茵河地区，其著名的品牌有阿斯巴赫（Asbach）、葛罗特（Goethe）和贾克比（Jacobi）等。

以上是白兰地的主要生产国家，同时葡萄牙的康梅达（Cumeada），希腊的梅塔莎（Metaxa），亚美尼亚的诺亚克（Noyac），加拿大的安大略小木桶（Ontario）、基尔德（Guild），以及我国在 1915 年巴拿马万国博览会上获得金奖的张裕金奖白兰地也是质量比较好的白兰地品牌。

2. 其他分类

（1）精选白兰地

在法国、意大利和其他地区，葡萄酒酿造者不忍心浪费任何东西。所以在勃艮第，他们将周边地区质量不太令人满意的葡萄酒蒸馏，酿制白兰地，这些白兰地被称为精选白兰地，这些白兰地会在陈年的橡木桶中陈酿至少 10 年时间，甚至更长。

（2）玛克白兰地

“Marc”在法语中是指渣滓的意思，所以，很多人又把这种类型的白兰地酒称为葡萄渣白兰地。它是将酿制红葡萄酒时经过发酵后过滤掉的酒精含量较高的葡萄果肉、果核、果皮残渣再度蒸馏，所提炼出的含酒精成分的液体，再在橡木桶中酿藏生产而成蒸馏酒品。在法国许多著名的葡萄酒产地都有生产，其中以勃艮第（Bourgogne）、香槟（Champagne）、阿尔萨斯（Alsace）等生产的较为著名。勃艮第是玛克白兰地的最著名产区，这种地区所产玛克白兰地在橡木桶中要储藏十余年之久。香槟地区就比较逊色，阿尔萨斯地区生产的玛克白兰地则不需要在橡木桶中陈酿，该酒无色透明具有强烈的香味，要放在冰箱之中冰镇后方可饮用。

（3）格拉帕白兰地

意大利著名的格拉帕白兰地实际上就是葡萄渣白兰地，它被放置在奇特的瓶子里，销售价格极高。但是最好的格拉帕白兰地是美味的，酒香袭人的，这不禁让人联想起酿制它的多样的葡萄品种。

（4）苹果白兰地

苹果白兰地是将苹果发酵压榨后，再蒸馏而酿制成的一种水果白兰地酒。它的主要产地在法国北部和英国、美国等。美国生产的苹果白兰地酒被称为 apple Jack，需要在橡木桶中陈酿 5 年才能销售。加拿大称为 pomal，德国称为 apfelschnapps。而世界最为著名的苹果白兰地酒则是法国诺曼底的卡尔瓦多斯生产的，被称为 calvados。该酒色泽呈琥珀色，光泽明亮发黄，酒香清芬，果香浓郁，口味微甜，酒度为 40~50 度。一般情况来说法国生产的苹果白兰地酒需要最少陈酿 10 年才能上市销售。

（5）樱桃白兰地

这种酒主要是以樱桃为原料，酿制时必须去掉果蒂，将果实压榨后加水使其发酵，然后经过蒸馏、酿藏而成。它的主要产地在法国的阿尔萨斯、德国的斯瓦兹沃特、瑞士和东欧等地区。

另外，在世界各地还有许多以其他水果为原料酿制而成的白兰地酒，只是在产量、销售量和名气上不如以上那些白兰地酒而已，如李子白兰地酒、苹果渣白兰地酒等。

五、白兰地的功效及饮用方法

1. 白兰地的功效

白兰地具有帮助胃肠消化、驱寒暖身、化瘀解毒、解热利尿之功效；可以有效扩张血管，提升心血管的强度，是心血管患者的良药。

白兰地是世界上颇具盛名的一种酒，"没有白兰地的餐宴，就像没有太阳的春天"。欧洲人用这句饱含深情的诗句，毫不吝啬地赞美白兰地。

白兰地不是神话故事中的"魔水"，但却对于人类的健康益处颇多。国内外一些药物和营养学专家指出，经常饮用白兰地可帮助胃肠消化。秋季饮用白兰地，可以驱寒暖身、化瘀解毒，并对流行性感冒等病症有解热利尿之功效。

2. 饮用方法

白兰地是一种典雅、庄重的美酒，人们在高兴的时候，饮一杯白兰地，就仿佛置身于高雅的殿堂，品味人生的美好。

白兰地的饮用方法多种多样，可作消食酒、开胃酒，可以不掺兑任何东西"净饮"，也可以加冰块，掺兑矿泉水或掺兑茶水，对于醇香典雅的白兰地来说，无论怎样饮用都奥妙无穷。如何饮用，随个人的习惯和爱好有所不同。一般情况下，不同档次的白兰地，采用不同的饮用方法，会有不同的效果。

（1）白兰地常用的 5 种喝法

① 2/3 热咖啡+1/3 白兰地（类似爱尔兰咖啡的口味）。

② 1/2 热糖水+1/2 白兰地。

③ 2/3 热茶+1/3 白兰地。

④ 加百事可乐。

⑤ 加 3 块冰块和矿泉水缓缓倒入白兰地。

（2）白兰地的其他饮用方法

① 净饮

用白兰地杯，倒些白兰地（最好是 1/4 杯），另外用水杯倒一杯冰水，喝时用手掌握住白兰地杯杯壁，让手掌的温度经过酒杯稍微暖和一下白兰地，使其香味挥发，从而充满整个酒杯。嗅觉和味蕾的双重享受，才是真正地享受白兰地酒。每喝完一小口白兰地，再喝一口冰水，清新味觉能使下一口白兰地的味道更香醇。当呼吸新鲜空气的时候，白兰地的芬芳能久久停留在嘴里，令人回味无穷。

② 加冰

中国人在品尝普通的白兰地时喜欢加冰。对于干邑白兰地这种佳酿来说，加水、加冰会浪费几十年的陈化时间，失去香甜浓醇的味道，所以建议陈年的白兰地不要加冰。

③ 混合饮料

白兰地都是由水果酒（主要为葡萄酒）蒸馏来的，所以饭后饮用也可以。如果加了苏打水，还可作为休闲时的饮料；因为白兰地有浓郁的香味，加在咖啡里会使口感更好；在做甜食、布丁、糕饼和冰淇淋时，加上一点白兰地可增加美味程度。

第三节　威　士　忌

一、威士忌概述

1. 概念

威士忌（whisky）是一种以大麦、黑麦、燕麦、小麦、玉米等谷物作为原料，发酵蒸馏之后再放入橡木桶中陈酿多年制成的烈性蒸馏酒。其酒度为 43 度左右，英国人称之为“生命之水”。

英国是威士忌的主要生产国。威士忌的名称源自苏格兰盖尔语里的 uisge beatha（意指生命之水，拉丁文里称为 aqua vitae）。古爱尔兰人称此酒为 visage-beatha，古苏格兰人称为 visage baugh。所谓的“生命之水”其实一开始是指酒精这种物质本身，早期的人类在刚发现蒸馏术时，并不是非常了解这种原理，因此他们误以为酒精是从谷物里面提炼出来的精髓，就像人的身体里面藏有灵魂一样。

2. 特点

威士忌是以谷物为原料所制造出来的蒸馏酒的通称。这明确地规定了威士忌只能使用谷物作为原料，再者几乎所有种类的威士忌都需要在橡木桶中陈酿一定时间之后才能装瓶出售，因此生产威士忌酒的必要条件就是陈酿。除此之外，要能在蒸馏的过程之中保留下谷物的原味，以便和纯谷物制造且和经过过滤处理的伏特加酒或西洋谷物酒相区别，这是威士忌另一个较为明确的定义性要求。

3. 分类

威士忌这个酒种并没有明确定义。相比之下，一些比较细目的威士忌分类反而拥有非常严谨的定义甚至分类法规。这样的定义特性类似于中国对白酒的定义方式，可能同属一类但主要成分差异很大。

二、威士忌的历史及发展

在公元 12 世纪，爱尔兰岛上已有一种以大麦作为主要生产原料的蒸馏酒，其蒸馏方法是从西班牙传入爱尔兰的。这种酒含芳香物质，具有一定的医药功能。1171 年，英国国王亨利二世举兵入侵爱尔兰，并将这种酒的酿造法进行了传播。爱尔兰文献中最早提到威士忌来自 17 世纪的《克隆麦克诺斯年鉴》，它将 1405 年的一位酋长的死亡归因于圣诞节期间喝了一杯水。1494 年英国财政部的一项记录证明威士忌在苏格兰生产。

1608 年，北爱尔兰诞生了世界上最古老的获得许可的威士忌酒厂——老布什米尔斯酿酒厂。

1707 年，联合王国合并了英格兰和苏格兰，此后威士忌的税收上涨。在 1725 年英国对麦芽征税之后，苏格兰的大部分酒厂要么被关闭，要么被迫转入地下。苏格兰威士忌被藏在圣坛、棺材和任何可用的空间中，以避免政府的征税。

欧洲移民把蒸馏技术带到了美国，同时也传到了加拿大甚至印度。如今，以酒体轻盈为特点的加拿大威士忌成为世界上配制混合酒的重要基酒。19 世纪 20 年代晚期，爱德华 · 戴尔（Edward Dyer）在印度建造了第一个蒸馏厂。

19 世纪下半叶，日本受西方蒸馏酒工艺的影响，开始进口原料酒调配威士忌。日本三得利（Suntory）公司的创始人乌井信治郎 1933 年在京都郊外的山崎县建立了日本第一座生产麦芽威士忌的工厂，从那时候起，日本威士忌发展迅速，并成为大众的饮品之一。

三、威士忌的酒品分类

威士忌酒有很多种分类的方法，依照不同的酿造原料，可分为纯麦威士忌酒、谷物威士忌酒以及黑麦威士忌酒等；按照储存在橡木桶的时间，可分为数年到数十年不同年限的品种；根据酒度，可分为 40~60 度等不同酒精度的威士忌酒。但是最著名也最具代表性的分类方法是依照生产地和国家的不同将威士忌酒分为苏格兰威士忌酒、爱尔兰威士忌酒、美国威士忌酒和加拿大威士忌酒四大类，其中苏格兰威士忌酒最为著名。

（一）苏格兰威士忌（Scotch whisky）

苏格兰生产威士忌酒已有 500 年的历史，这种威士忌风格独特，色泽棕黄带红，清澈透明，气味焦香，带有一定的烟熏味，乡土气息浓厚。苏格兰威士忌口感甘洌、醇厚、劲足、圆润、绵柔，是世界上最好的威士忌酒之一，其主要衡量标准是嗅觉感受，即酒香味。受英国法律限制，只有在苏格兰酿造和混合的威士忌，才可称为苏格兰威士忌。它的工艺是使用当地的泥煤为燃料烘干麦芽，在粉碎、蒸煮、糖化、发酵后再经壶式蒸馏器蒸馏，产生 70 度左右的无色威士忌，再装入内部烤焦的橡木桶内，储藏 5 年以上的时间。其中有很多品牌的威士忌储藏期超过了 10 年，最后经勾兑混配后调制成酒精含量为 40%左右的成品出厂。

苏格兰威士忌酒闻名世界的原因有以下几个方面。

第一，苏格兰具有适宜农作物大麦的生长气候与地理条件。

第二，在这些地方蕴藏着一种叫作为泥煤的煤炭，这种煤炭在燃烧时会发出独特的烟熏气味，泥煤是当地特有的苔藓类植物经过长期腐化和炭化形成的，在苏格兰制作威士忌酒的传统工艺中要求必须使用这种泥煤来烘烤麦芽。因此，苏格兰威士忌酒具有独特的泥煤熏烤芳香味。

第三，苏格兰蕴藏着丰富的优质矿泉水，为酒液的稀释勾兑提供了优质的材料。

第四，苏格兰人有着严谨的质量管理方法及传统的酿造工艺。

整个苏格兰有 4 个主要威士忌酒产区：北部高地（Highland）、南部的低地（lowland）、西南部的康贝镇（Campbel town）和西部岛屿伊莱（Islay）。北部高地产区约有纯麦芽威士忌酒厂近百家，占苏格兰酒厂总数的 70%以上，是苏格兰最著名的威士忌酒生产区。该地区生产的纯麦芽威士忌酒酒体轻盈，酒味醇香。南部低地有纯麦芽威士忌酒厂 10 家左右，康贝镇位于苏格兰南部，是苏格兰传统威士忌酒的生产区。西部岛屿伊莱风景秀丽，位于大西洋中，在酿制威士忌酒方面历史悠久，生产的威士忌酒有独特的味道和香气，其混合威士忌酒比较著名。

按原料和酿造方法不同，可将品种繁多的苏格兰威士忌分为三大类，分别是纯麦芽威士忌、谷物威士忌与兑和威士忌。

1. 纯麦芽威士忌（pule malt whisky）

纯麦芽威士忌是只用大麦作原料而成的蒸馏酒。它以露天泥煤上烘烤的大麦芽为原料，用罐式蒸馏器蒸馏，一般经过两次蒸馏之后所获酒液的酒精度达 63.4 度，陈酿在特制的炭烧过的橡木桶中，装瓶前用水稀释。酿造出的威士忌具有泥煤所产生的丰富香味。按规定，至少需要 3 年时间陈酿，一般陈酿 5 年以上的酒就可以饮用，成品酒是陈酿 7~8 年的酒，陈酿 10~20 年的酒为最优质酒，陈酿 20 年以上的酒，质量会降低。苏格兰人尤其喜爱纯麦芽威士忌，但由于味道过于浓烈，所以很少外销，且只有产量的 10%直接销售，其余约 90%作为勾兑混合威士忌酒时的原酒使用。其著名品牌有以下几种。

Glenfiddich（格兰菲迪，又称鹿谷）：威廉 · 格兰特父子有限公司出品，1887 年，在苏格兰高地地区创立蒸馏酒制造厂，生产威士忌酒，是苏格兰纯麦芽威士忌的典型代表。Glenfiddich 格兰菲迪味道香浓而油腻，烟熏味浓重突出。

Glenlivet（兰利斐，又称格兰利菲特）：是由乔治和 J.G.史密斯有限公司生产的 12 年陈酿纯麦芽威士忌，该公司于 1824 年在苏格兰成立，是第一个政府登记的蒸馏酒生产厂。

Macallan（麦卡伦）：苏格兰纯麦芽威士忌的主要品牌之一。Macallan 的特点是完全采用雪利酒橡木桶储存、酿造，因此具有白兰地般的水果芬芳，被酿酒界人士评价为“苏格兰纯麦威士忌中的劳斯莱斯”。

另外还有 Argyli（阿尔吉利）、Auchentoshan（欧汉特尚）、Berrys（贝瑞斯）、Burberry’s（巴贝利）、Findlater’s（芬德拉特）、Strathspy（斯特莱斯佩）等多种酒品。

2. 谷物威士忌（grain whisky）

谷物威士忌采用燕麦、黑麦、大麦、小麦、玉米等多种谷物作为酿酒的原料。谷物威士忌只需一次蒸馏，主要原料是不发芽的大麦，以麦芽为糖化剂生产。它与其他威士忌酒的不同点在于大部分大麦不发芽发酵，所以也就不必使用大量的泥煤来烘烤，成酒后谷物威士忌的泥炭香味也会比较少一些，口味上具有柔和细致的特点。谷物威士忌酒市场上很少零售，主要用于勾兑其他威士忌酒和金酒。

3. 兑和威士忌（blended whisky）

兑和威士忌又叫混合威士忌，是指用纯麦芽威士忌和混合威士忌勾兑搅和而成的威士忌。兑和是很考验技术的一项工作，不仅要考虑到两种酒液的比例，还要考虑到各种勾兑酒液陈酿年龄、产地、口味等其他特性。

兑和工作的第一步是勾兑。勾兑时，技师不用口尝只用鼻嗅。遇到困惑时，把酒液抹一点在手背上，再仔细嗅别鉴定。第二步是掺和，勾兑好的剂量配方必须保密。按照剂量把不同的品种注入在混合器（或者通过高压喷雾）调匀，然后加入染色剂（多数使用饴糖），最后入桶陈酿储存。兑和后冲淡了威士忌烟熏味，融合了强烈的麦芽及细致的谷物香味，嗅觉上更加诱人，因此在世界各地畅销。兑和后的威士忌依据其酒液中纯麦芽威士忌酒的含量比例分为普通和高级两种类型。一般来说，纯麦芽威士忌酒用量在50%~80%是高级兑和威士忌酒。如果谷类威士忌所占比重大，即为普通威士忌酒。

目前整个世界范围内销售的威士忌酒绝大多数都是混合威士忌酒。

（二）爱尔兰威士忌

在制作材料上爱尔兰威士忌与苏格兰威士忌相差不大，同样是用发芽的大麦为原料，使用壶式蒸馏器三次蒸馏，并且依法在橡木桶中陈年 3 年以上的麦芽威士忌，再加上由未发芽大麦、小麦与裸麦，经连续蒸馏所制造出的谷物威士忌，进一步调和而成。两者比较关键的不同点是，爱尔兰威士忌使用燕麦作为原料，而且在制作过程中几乎不会使用泥炭作为烘烤麦芽时的燃料。除了产量较大的“调和式爱尔兰威士忌”外，也有独立装瓶出售的“爱尔兰单一麦芽威士忌”，不过数量较少。

大部分的爱尔兰威士忌都有其在苏格兰威士忌里面的对等产品，除了一种叫纯壶式蒸馏威士忌（pure pot still whiskey）的酒。这种威士忌同时使用已发芽与未发芽的大麦作为原料，在壶式蒸馏器里面制造，相对于苏格兰的纯麦芽威士忌，使用未发芽的大麦做原料会使爱尔兰威士忌口感较为青涩、辛辣。

纯壶式蒸馏威士忌可以独立装瓶出售，也可以与麦芽威士忌调和，通常调和式的爱尔兰威士忌并不会特别标明其基底是使用谷物威士忌还是纯壶式蒸馏威士忌。

由于制作过程中很少使用泥炭，所以爱尔兰威士忌的口感更平滑，没有苏格兰威士忌普遍存在的黑烟、泥土味。爱尔兰威士忌有几个品种，其风格主要取决于所用谷物的种类和蒸馏过程。传统上的爱尔兰威士忌是在锅中生产的，但仍然分为两类。

（1）单一麦芽威士忌

完全由发芽大麦制成的威士忌，叫作单一麦芽威士忌，这种风格也与苏格兰威士忌相关，大多数为双重或三重蒸馏。

（2）单锅威士忌

单锅威士忌由麦芽和未发芽大麦的混合物制成，与单一麦芽威士忌的不同之处在于在麦芽浆中包含未加工的未发芽谷物。这种风格在历史上也被称为“纯锅静止威士忌”和“爱尔兰锅威士忌”，旧瓶装和纪念品经常带有这些名称。20 世纪混合酒出现之前，单锅威士忌是爱尔兰威士忌最常见的风格。

（三）加拿大威士忌

加拿大威士忌（Canadian whisky），是一种只在加拿大制造的清淡威士忌。原料上，加拿大威士忌常常被误认为是一种用裸麦（黑麦）制造的威士忌，但实际上加拿大威士忌是谷物威士忌，即使用包括玉米、裸麦、裸麦芽与大麦芽等多种的谷物材料来制作。

几乎所有的加拿大威士忌都属于调和式威士忌，主体是以连续式蒸馏制造出来的谷物威士忌，而壶式蒸馏器制造出来的裸麦威士忌（rye whiskey）为其增添了风味与颜色。由于威士忌酒经过连续蒸馏通常都比较清淡，甚至很接近伏特加之类的白色烈酒，所以被称为“全世界最清淡的威士忌”。

加拿大威士忌在蒸馏完成后，需要装入全新的美国白橡木桶或二手的波本橡木桶中陈酿 3 年以上才可以贩售。有时酒厂会将酒调和后放回橡木桶中继续陈酿，或甚至直接在新酒还未陈酿之前就先调和。

加拿大威士忌的兴起时代背景可以说是相当独特的，事实上，加拿大威士忌大卖的推手是作为其邻国的美国。虽然美国在 1920 年代施行了禁酒令，但国内对于烈酒的需求却不降反增，仅隔一条国界的加拿大占尽地利之便，厂商甚至为了便于携带偷藏开发出专用的威士忌包装。

如今，加拿大威士忌依然广受欢迎，并非仅仅源于过往的历史因素，而是由于加拿大威士忌产品纯度高，口感好。除此之外，加拿大威士忌是最适宜用来调酒的威士忌，拥有非常丰富的调酒酒单。

（四）美国威士忌

美国威士忌是从发酵就在美国生产的蒸馏酒，包括黑麦威士忌、黑麦麦芽威士忌、麦芽威士忌、小麦威士忌、波旁威士忌和玉米威士忌。

美国联邦法规中对威士忌种类的规定如下。

（1）黑麦威士忌：由含至少 51%黑麦的捣烂物制成。

（2）黑麦麦芽威士忌：由麦芽制成，至少含有 51%麦芽黑麦。

（3）麦芽威士忌：由麦芽制成，含至少 51%麦芽大麦。

（4）小麦威士忌：由至少含有 51%小麦的麦芽制成。

（5）波旁威士忌：由含至少 51%玉米制成。

（6）玉米威士忌：由含至少 80%玉米的捣碎物制成。

为了标示为其中之一，威士忌的酒精蒸馏度不能超过体积的 80%，以确保充分保留原始的风味，并且禁止添加着色剂、焦糖和调味剂。除了玉米威士忌之外，其余威士忌都必须在烧焦的新橡木桶中陈化。

玉米威士忌不必进行陈化步骤。但是，如果需要陈化，则必须在使用过的或未使用过的陈年橡木桶中进行，通常会用旧的波旁酒桶。

波旁威士忌是最著名、最古老的美国威士忌。它以谷物为原料，其中包含不低于 51%的玉米。这种威士忌是以肯塔基的波本郡来命名的。

18 世纪中叶，美国威士忌才真正开始发展起来。它的历史，与暴乱和税收的混乱分不开。

最初的赋税是乔治·华盛顿在 1791 年制定的，为了寻求清洁的水源，一些宾夕法尼亚州的酿酒商（黑麦威士忌酿酒商的前身）只好迁移到了美国的内陆地区。这样，肯塔基州就成了最著名的美国威士忌故乡。

在 1808 年禁止奴隶贸易之后，美国威士忌的主要竞争对手朗姆酒遭受沉重打击，美国威士忌最终在酒类饮品市场上占据了稳定的地位。由于南北战争美国威士忌的发展速度有所减缓，很多酒厂在战争时被破坏，但后来，还是逐渐发展起来。

四、威士忌的制作工艺

一般的威士忌的酿制工艺过程可分为下列七个步骤。

1. 发芽（malting）

首先将去除杂质后的麦类（malt）或谷类（grain）浸泡在热水中使其发芽，麦类或谷类品种的不同其间所需的时间有所差异，但一般而言发芽需要一周至两周的时间，待其发芽后再将其烘干或使用泥煤（peat）熏干，等冷却后再储放大约一个月的时间，发芽的过程才算完成。在这里特别值得一提的是，在所有的威士忌中，只有苏格兰地区所生产的威士忌是使用泥煤将发芽过的麦类或谷类熏干的，因此苏格兰威士忌被赋予一种独特的泥煤烟熏味，而这是其他种类的威士忌所没有的一个特色。

2. 磨碎（mashing）

发芽的麦类或谷类放入特制的不锈钢槽中加以捣碎并煮熟成汁，需要 8~12 个小时。通常，在磨碎过程中最重要的就是温度及时间的控制，过高的温度或过长的时间都将会影响到麦芽汁（或谷类的汁）的品质。

3. 发酵（fermentation）

将冷却后的麦芽汁加入酵母菌进行发酵，由于酵母能将麦芽汁转化成酒精，因此在完成发酵过程后会产生酒精度为5%~6%的液体，此时的液体被叫作为 wash 或 beer。由于酵母分很多种，对于发酵过程的影响也有所不同，所以各个不同的威士忌品牌都将其使用的酵母的种类及数量视为商业机密，不轻易告诉外人。一般来讲在发酵的过程中，威士忌常会使用两种，甚至十几种不同品种的酵母来进行发酵。

4. 蒸馏（distillation）

一般而言蒸馏具有浓缩的作用，因此当麦类或谷类经发酵后所形成的低酒精度的 beer 后，还需要经过蒸馏的步骤才能形成威士忌酒，这时的威士忌被称为“新酒”，酒精度为 60%~70%。麦类与谷类原料所使用的蒸馏方式是不一样的，由麦类制成的麦芽威士忌是采取单一蒸馏法，即以单一蒸馏容器进行再次蒸馏，并在第二次蒸馏后，将冷凝流出的酒去头掐尾，只取中间的“酒心”（heart）部分成为威士忌新酒。由谷类制成的威士忌酒则是采取连续式的蒸馏方法，使用两个蒸馏容器以串联方式连续进行两个阶段的蒸馏过程。基本上各个酒厂在筛选“酒心”的量上都采取自行决定的方式，并无固定统一的比例标准，一般多掌握在60%~70%，也有的酒厂为制造高品质的威士忌酒，使用其纯度最高的部分。如享誉全球的麦卡伦（Macallan）单一麦芽威士忌，所酿制的威士忌酒的新酒只使用17%的“酒心”。

5. 陈年（maturing）

陈年是蒸馏过后的新酒必需的过程，经过橡木桶的陈酿，可吸收植物的天然香气，产生出漂亮的琥珀色，亦可降低高浓度酒精的强烈刺激感。目前在苏格兰地区有相关的法令来规范陈年的酒龄时间，每一种酒必须真实无误地标示其酒龄。苏格兰威士忌酒至少要在木酒桶中酝酿 3 年以上，才能上市销售。这种严格的措施规定，一方面可保障消费者的权益，另一方面也可树立苏格兰地区出产的威士忌高品质的形象。

6. 混配（blending）

由于麦类及谷类原料的品种众多，所以所制造而成的威士忌酒也存在各不相同的风味，这时就靠各个酒厂的调酒大师依其经验和本品牌酒质的要求，按照一定的比例搭配，各自调配勾兑出自己与众不同口味的威士忌酒。因此都把各个品牌的混配过程及其内容视为绝对的机密，而混配后的威士忌酒品质的好坏就完全由品酒专家及消费者来判定了。这里需要说明的是，其中所说的混配包含两层含义，即谷类与麦类原酒的混配和不同陈酿年代原酒的勾兑混配。

7. 装瓶（bottling）

在混配的工艺做完之后，则是装瓶。要先将混配好的威士忌再过滤一次除掉杂质才可以装瓶，这时需由自动化的装瓶机器将威士忌按固定的容量分装至每一个酒瓶当中，然后再贴上各自厂家的商标后即可装箱出售。

第四节 其他蒸馏酒

一、伏特加酒概述

1. 概念

伏特加（俄语водка）是一种经过蒸馏处理的酒精饮料，它以小麦、黑麦、大麦等为原料，经过粉碎、蒸煮、糖化、发酵和蒸馏制得优质酒精，再进一步加工而成。为了达到更纯更美味的效果，通常会经多重蒸馏，市面上经过三重蒸馏的伏特加品质较好。在蒸馏过程中除水和乙醇外也会加入马铃薯、菜糖浆及黑麦或小麦，有时会加入适量的调味料使制作出的伏特加更有味道。

伏特加酒的酒精含量通常是35%~50%，俄罗斯、立陶宛和波兰所出产的伏特加以 40%酒精含量为标准。有些政府更设定酒精含量达到标准的才可称为“伏特加”，如欧盟所定标准为伏特加酒精含量不低于 37.5%。

目前，伏特加在全球各国都有生产，俄罗斯产销量为最大。俄罗斯气候严寒，举国上下都喜欢喝伏特加。1945 年，伏特加传入美国，后又传入西欧各国。①

有人说伏特加的流行是因为它是一种百搭酒，可以与各种饮料调配饮用，在原产地它有“燃烧的水”之称。因为这种特性，伏特加可以做多种调制鸡尾酒的基酒。

2. 历史

传说克里姆林宫楚多夫（意为奇迹）修道院的修士用黑麦、小麦、山泉水酿

① 王克菲. 伏特加酒与白酒风格的比较[D]. 大连工业大学. 生物与食品工程学院, 2008.

造出一种“消毒液”，一个修士偷喝了“消毒液”，觉得味道甚美，使之在俄国广为流传，称为 Vodka，是斯拉夫语中 voda（意为水）变化而来。“伏特加”一词首次记载于 1405—1537 年的波兰法院文件中，这个词在当时一些医学和化妆品的文件中都有所提及，不少俄国医药处方上写着“用面包酿制的伏特加酒”和“半面包伏特加酒”。“伏特加”这个词亦可在一些当时的手抄原稿和一种称作“卢布克”的手稿中找到，而于俄国的辞典中出现是在 19 世纪中期。

自古至今，伏特加在俄罗斯社会中的地位与影响不可言喻。不仅塑造了独特的俄罗斯民族性格与文化，其纯净、无味、透明等特点也孕育了俄罗斯人的坚强、执着与韧性[①]，使俄罗斯人在面对困难时，无所畏惧、勇往直前，造就了俄罗斯在历史发展中的地位。

生产伏特加酒的主要国家是俄罗斯，但在德国、芬兰、波兰、美国、日本等国也都能酿制优质的伏特加酒。特别是在第二次世界大战开始时，俄罗斯制造伏特加酒的技术传到了美国，使之一跃成为生产伏特加酒的大国之一。

3. 分类

伏特加酒分类为两类：一类是无色、无杂味的上等伏特加；另一类是加入各种香料的伏特加（flavored vodka）。

二、朗姆酒概述

1. 概念

朗姆酒（英语为 Rum；西班牙语为 Ron），又译作兰姆酒或蓝姆酒，我国港澳地区译为冧酒。原料是甘蔗相关产品，如糖蜜、甘蔗原汁等，再经发酵及蒸馏过程制成。酒精含量 38%～50%，酒液有琥珀色、棕色，也有无色的。

2. 历史

“朗姆酒”一词虽不清楚它的来源，但据英国的词源学家塞缪尔·莫尔伍德研究，它可能来自英国俚语中的“最好的”。

16 世纪，西印度群岛盛产甘蔗，当时提炼蔗糖的方法太古老，就是加热甘蔗汁以蒸发水分使蔗糖结晶出来。这种方法到最后总有一些含高分子的残液无法继续加热，否则会炭化，早期这些残余的糖稀或糖蜜只能用作焦糖，但后来新英格兰的殖民者发现可以用以酿酒，于是朗姆酒诞生了。

---

② 潘友锭. 伏特加与俄罗斯社会生活[D]. 温州科技职业技术学院, 2014.

朗姆酒利用廉价的原料，酿出即卖，没有储存期，味道辛辣刺喉但价格十分便宜，且可有效抑制坏血病等海上职业病，酒精也能对在船上放置已久的淡水杀菌消毒，所以很受生活在艰苦环境的水手和海盗的青睐。有的船长甚至用朗姆酒为水手发工资，因此朗姆酒迅速在大西洋水手和加勒比海盗中风行开来。

目前朗姆酒的生产为符合现代人的口味，增加了储存醇化期，因此比较绵软顺口，有焦糖香味，是配制鸡尾酒必不可少的原料。

3. 分类

朗姆酒可以颜色分类，以风味分类，亦可以原材料分类。下面介绍几种常见的品种。

黑朗姆酒，也被称为特定颜色，如棕色，黑色或红色朗姆酒，是比金色朗姆酒更深的一类。它们通常由焦糖或糖蜜制成，陈年时间更长，陈化给它们带来比淡金色或金色朗姆酒更强的风味，并且可以检测到香料的痕迹以及强烈的糖蜜或焦糖色素。它们通常提供朗姆酒饮料的物质以及颜色。另外，黑朗姆酒是最常用于烹饪的类型。大多数黑朗姆酒来自牙买加、海地和马提尼克等地区。

调味朗姆酒：注入水果的香味，如香蕉、芒果、橙子、菠萝、椰子、杨桃或酸橙等。使其更倾向于类似热带饮料的味道，并在发酵和蒸馏之后注入香料。

金朗姆酒，也称为“琥珀”朗姆酒，是中等酒体的朗姆酒，通常都需陈年，在木桶（通常是波旁威士忌使用过的烧焦的白色橡木桶）中老化得到深色。它们比淡朗姆酒的味道更强烈，可以认为是淡朗姆酒和黑朗姆酒品种之间的中间品类。

轻型朗姆酒：也被称为“银”或“白”朗姆酒，除了普遍的甜味之外，还具有特色的风味，有时会在老化后通过过滤以去除任何颜色，有些品种更类似于“金朗姆酒”。大多数轻型朗姆酒来自波多黎各，温和的风味使它们并不适合直接饮用，而是常用于混合饮料。

五香朗姆酒：通过添加香料和焦糖来获得其风味，大多数颜色较深，以金色朗姆酒为基础。有些显得较暗，而许多便宜的品牌是由廉价的白朗姆酒制成，焦糖色使其变黑，肉桂、迷迭香、苦艾、茴香、胡椒、丁香和小豆蔻经常作为香料加入。

三、金酒概述

1. 概念

金酒（英语为 Gin，荷兰语为 Jenever），又称为毡酒或琴酒，是一种烈性酒，以谷物为原料经发酵与蒸馏为基底，增添以杜松子为主的多种药材与香料调味后，所制造出来的一种西洋蒸馏酒。

金酒的外文原名源自它主要调味成分之一的杜松子，因此也经常被称为杜松子酒，但并不是所有的金酒都是这样，如较少见的黑刺李金酒（sloe gin）就不适用“杜松子酒”之称。常用译名之一的“琴”酒是英语“gin”字在上海话中的音译，而“金”的译法则源于普通话的直译。

2. 历史

金酒实际上源自荷兰，而不是英国人发明的，如同许多现代烈酒的祖先一样，它最早的用途不是一种随性的饮品，而是药。早在 16 世纪以前，这种酒就被作为药物制造出来。

刚开始的时候，金酒被称为“genever”，这名字其实源自金酒的主要调味原料杜松子（juniper berry，来自拉丁文 juniperus，“给予青春”的意思）的荷兰文拼法，geneva 是它在荷兰以外的地区的称呼。英国人将金酒的概念带回英国，然后将其名称简称为较容易发音记忆的“Gin”，制造金酒。

真正让金酒在英国广为流行的关键人物是玛莉女王的夫婿英王威廉三世。原本的荷兰国王威廉（William of Orange）不只是由于他本身就是金酒的爱好者，更因为当时英—荷联合王国跟法国之间的战争，英国下令抵制法国进口的葡萄酒与白兰地，并且允许使用英格兰本土的谷物制造烈酒，这一立法几乎可以说是为金酒量身定制了一个非常有利的环境。于是，英国自此较发源地荷兰青出于蓝，成为最重要的金酒生产国。

3. 分类

（1）伦敦干金酒

伦敦干金酒（London dry gin）是今日金酒销售的主流，所谓的“dry”并非真的很“干”，而是指酒类的风味偏向不甜。伦敦干金酒通常是使用谷物、甘蔗或糖蜜为原料制造出来的高蒸馏度白酒。虽然各家蒸馏厂各有其特殊做法，但一些最高品质的品牌通常都会在基酒里加入以杜松子为主，包括胡荽子、橙皮、香鸢尾根、黑醋栗树皮等多样化的植物性香料配方一起再蒸馏。至于详细的香料配方，则很少会让外人知道，因为这是各酒厂的商业机密或祖传秘方。

伦敦干金酒这名称原则上是指一种酒的种类，而非产地标志，事实上现今只有一家蒸馏厂仍在伦敦境内营运（酒厂的著名品牌为 Beefeater）。而在北美洲与澳洲的许多国家都生产属于此类金酒的产品。然而，在某些国家（如法国），他们严格规定有资格冠上“伦敦干金酒”名称的只有英国生产的金酒。

（2）荷兰金酒

荷兰金酒（Dutch gin）迄今为止一直维持着 400 多年前初上市时的风味特性。它是以麦芽酿制、蒸馏出来的白色基酒为基础添加多种植物性香料后制成，其口味非常甜，香料的气味也非常重，通常不太适合作为调酒的素材，可以直接拿来加冰饮用。

（3）普利茅斯金酒

普利茅斯金酒（Plymouth gin）是一种在英国西南港埠普利茅斯生产的金酒。由于当初金酒是海员从欧陆本土传至英国，因此身为金酒第一个上陆的重要海港，普利茅斯也拥有自己特殊风味的金酒。和伦敦金酒相比较，源自芳香金酒（aromatic gin）的普利茅斯金酒只使用带有甜味的药用植物作为素材，因此其杜松子的气味并不像伦敦金酒那样明显。与伦敦干金酒不同，普利茅斯金酒严格规范必须在该城的范围内制造才能挂上此名。

（4）黑刺李金酒

黑刺李金酒（Sloe gin）是一种主要调味以黑刺李等植物作为香料的金酒，而不是以杜松子为主。

四、蒸馏酒的酿造过程

蒸馏酒是一种含酒精的饮料，是从含酒精的液体里蒸馏出来的，与原来的液体中酒精含量多少无关。通过蒸馏可得到酒精，其原理很简单，因为酒精变成气体比水变成气体所需的温度要低。

蒸馏酒的制作原理是根据酒精的物理性质，采取使之汽化的方式，提取的高纯度酒液。因为酒精的汽化点是 78.3℃，达到并保持这个温度就可以获得汽化酒精，如果再将汽化酒精输入管道冷却后，便是液体酒精。但是在加热过程中，原材料的水分和其他物质也会掺杂在酒精中，因而酒液的质量就会不同。酒液纯度高、杂质含量少的名酒都采取多次蒸馏法等工艺来获取。

蒸馏酒传统的陈酿要建立庞大的储酒库（窖容），因此会积压巨额的储酒资金，长期储存还会有自然损耗，无形中加大了陈酿成本，从而限制了蒸馏酒的发展。[1]所以针对目前国内酒酿造业的发展需要，需要研究出新的蒸馏酒陈化模式，来

① 孙长花. 蒸馏酒人工陈酿工艺的研究[D]. 扬州：扬州大学, 2007.

提高蒸馏酒的催陈质量、加快陈化速度、节约陈酿成本等，从而提高酒的品质，进而使蒸馏酒更好更快地发展。

五、蒸馏酒的历史起源及发展前景

蒸馏酒与酿造酒相比，在制造工艺上多了一道蒸馏工序，蒸馏器是关键设备。故蒸馏酒起源的前提条件就是蒸馏器的发明，但蒸馏器的出现并不是蒸馏酒起源的绝对条件。因为蒸馏器不仅可用来蒸酒，也可用来蒸馏其他物质，如香料、水银等。随着考古资料的充实及对古代文献资料的查询，人们对蒸馏酒的起源的认识逐步深化。因为这不仅涉及酒的蒸馏，而且还涉及具有划时代意义的蒸馏器。

1. 蒸馏酒在中国的起源

（1）宋代史籍中已有蒸馏器的记载

据史料记载，我国在宋代时已有蒸馏器。南宋张世南在《游宦纪闻》卷五中记载了一例蒸馏器，用于蒸馏花露，宋代的《丹房须知》一书中还画有当时蒸馏器的图形。吴德铎先生认为，至迟在宋以前，中国人民便已掌握了蒸制烧酒所必需的蒸馏器。当然，此蒸馏器并不一定是用来蒸馏酒。

（2）考古发现了金代的蒸馏器

20 世纪 70 年代，考古工作者在河北青龙县发现了被认为是金世宗时期的铜制蒸馏烧锅（《文物》1976 年第 9 期，也有人认为很难肯定是金代制品）。邢润川认为，宋代已有蒸馏酒应是没有问题的②。从所发现的这一蒸馏器的结构来看，与元代朱德润在《轧赖机酒赋》中所描述的蒸馏器结构相同。器内液体经加热后，蒸汽垂直上升，被上部盛冷水的容器内壁所冷却，从内壁冷凝，酒沿壁流下被收集。而元代《居家必用事类全集》中所记载的南番烧酒所用的蒸馏器尚未采用此法，南番的蒸馏器与阿拉伯式的蒸馏器相同，器内酒的蒸汽是左右斜行走向，流酒管较长。从器型结构来考察，我国的蒸馏器具有鲜明的民族传统特色，由此判断，我国在宋代自创了蒸馏技术。

（3）东汉青铜蒸馏器的构造与金代蒸馏器的相似之处

东汉青铜蒸馏器分甑体和釜体两部分，通高 53.9 厘米。甑体内有储存料液或固体酒醅的部分，并有凝露室。凝露室有管子接口，可使冷凝液流出蒸馏器外，在釜体上部有一入口，应该是随时加料用的。

---

② 邢润川. 我国蒸馏酒起源于何时?[J]. 微生物学报，1981, 8(1).

蒸馏酒起源于东汉的观点，暂时没有被广泛接受，因为仅靠用途不明的蒸馏器很难说明问题。另外，东汉以前的众多酿酒史料中都未找到任何蒸馏酒的踪影，所以缺乏文字资料的佐证。

2. 蒸馏酒在外国的起源

在古希腊时代，亚里士多德曾经写道：通过蒸馏，先使水变成蒸汽继而使之变成液体状，可使海水变成可饮用水。这说明蒸馏的原理早已经被人们发现，古埃及人曾用蒸馏术制造香料。在中世纪早期，阿拉伯人发明了酒的蒸馏。10 世纪，一位名叫阿维森纳的哲学家曾对蒸馏器进行过详细的描述。但当时还未提到蒸馏酒（alcohol）。有人认为尽管没有提到，但蒸馏酒在当时就已出现。1313 年，第一次记载了蒸馏酒（alcohol）的人是一位加泰隆（Catalan，分布于西班牙等国的人）教授。

大约在公元 12 世纪，国外有资料证明，人们第一次制成了蒸馏酒。但是当时蒸馏所得的烈性酒并不是用来饮用的，而是作为引起燃烧的东西，或作为溶剂，后来又被用于药品，国外的蒸馏酒大都用葡萄酒来蒸馏。从时间上来看，公元 12 世纪相当于我国南宋初期。

3. 发展前景

蒸馏酒市场具有相当大的前景，随着我国人民消费水平的提高，消费市场快速扩张，先进的蒸馏酒技术也在不断地发展。大数据显示，蒸馏酒类仍是中国乃至世界的大宗消费。如今，有必要在提高蒸馏酒的质量的基础上，不断研究、开发、应用新技术，生产新产品，提高生产效益。根据目前蒸馏酒的发展态势，技术层面上可从两方面着手：第一，利用物理化学高新技术改进工艺；第二，通过基因工程，生产新式发酵菌。

随着科技的发展，蒸馏酒的生产力逐渐提高，蒸馏酒作为一种与人类密切相关的酒精饮料，丰富着人们的生活。相信蒸馏酒在以后的漫长岁月里，能够得到更加深远的发展。

第七章

配　制　酒

这章我们主要介绍配制酒。配制酒是用各种酿造酒、蒸馏酒或食用酒精来作为基酒与酒精或非酒精物质（包括液体、固体、气体）进行勾兑、浸泡、混合调制而成的酒。配制酒种类多样，风格各异，酒度也有差异，著名产品主要集中在欧洲，出产于法国、意大利和荷兰的最为著名。那么接下来分别介绍中国配制酒和外国配制酒。

第一节　中国配制酒

据考证，中国配制酒起源于春秋战国之前，它作为中国古老的酒种之一，具有独特的风格，继承和发扬了中国特有的“食药同源”理论及实践经验，其产品具有传统民族特色。

一、中国配制酒的起源与发展

中国配制酒可以分为植物类配制酒、动物类配制酒、动植物配制酒及其他配制酒。按照最新的国家饮料酒分类体系，药酒和滋补酒也属于配制酒范围，而中国的药酒和滋补酒的主要特点都是在酒中或者是在酿酒的过程中加入中草药。从这一点说，二者有相似之处。但前者主要以治疗疾病为主，有特定的医疗作用；后者以滋补养生、强健体魄为主，有保健强身作用。从药酒的使用方法上划分，可以将药酒分为内服、外用、内服外用二者兼有这三大类。

1. 殷商的药酒

殷商的酒类，除了酒、醴之外，还有鬯。鬯是以黑黍为酿酒原料，再加入郁金香草（一种中药）酿制而成的，而这是我国最早有文字记载的药酒。

2. 春秋战国时期的药酒

从长沙马王堆三号汉墓中出土了一部医方专书（后来也被称为《五十二病

方》)，这本书中提到关于酒的药方不下35种，其中至少有5种药方可被认为是酒剂配方，用以治疗蛇伤、疽、疥瘙等疾病，这之中有内服药酒，也有外用药酒。

《养生方》是马王堆西汉墓中出土的帛书之一，书中记载了6种药酒的酿造方法，但可惜的是这些药方文字大都不太完整，只有“醪利中”（我国古代的一种酿酒工艺）较为完整，此方共包括了10道制作工序。

远古时代的药酒中大多数的药物是加入到酿酒原料中一起发酵的，与后来常用的浸渍法有所区别。其主要原因可能是远古时代的酒不易保藏，使用浸渍法容易导致酒的酸败，但是用药物与酿酒原料同时发酵的话，由于发酵时间较长，便可以使药物成分充分溶解出来，从而酿成药酒。

中国医学典籍《黄帝内经》中的《素问·汤液醪醴论》专篇记载：“自古圣人之作汤液醪醴，以为备耳。”意思就是古人之所以酿造醪酒，是专为做药而准备的。

3. 汉代至唐代之前的药酒

（1）酒煎煮法和酒浸渍法起源于汉代。在《神农本草经》中有如下一段论述：“药性有宜丸者，宜散者，宜水煮者，宜酒渍者。”汉代名医张仲景的《金匮要略》一书中，更是有多例浸渍法和煎煮法。该书还记载了饮酒的忌宜，这些知识对于保障人们的身体健康都起到了重要的作用。

（2）南朝齐梁时期的著名本草学家陶弘景，总结了前人采用冷浸法准备药酒的经验，在《本草集经注》中提出了一套冷浸法制药酒的常规。他提到了关于药材的粉碎度、浸渍时间及浸渍时的气温对于浸出速度、浸出效果的影响，并指出要多次浸渍，以便能够充分浸出药材中的有效成分，从而弥补冷浸法本身的缺陷。由此可见，药酒的冷浸法在当时已相当完善。

（3）热浸法制药酒最早记载于北魏《齐民要术》关于胡椒酒的制作方法中。该法是将干姜、胡椒末及安石榴汁置于酒中后，火暖取温。尽管这还不能被称为制药酒，但是在当时已经在民间流传，所以也可能用于药酒的配制。

（4）酒还可作为麻醉剂，传说华佗用的麻沸散就是用酒冲服的。

4. 唐宋时期的药酒

（1）唐宋时期极其盛行酿造药酒与补酒。一些医药巨著如《备急千金要方》《外台秘要》《太平圣惠方》《圣济总录》等都收录了大量关于药酒和补酒的配方与酿制方法。唐宋时期饮酒风气日趋浓厚，社会上酗酒的人数较之其他年代更多。在这些医学著作中，解酒、戒酒方因时而生。有人统计过，在上述四部书中这方面的药方竟达100多例。

（2）唐宋时期的药酒配方中，用药味数较多的复方药酒所占的比重明显提高，复方的增多也表明当时制备药酒的整体水平有所提高。当时药酒的制法有酿造法、冷浸法、热浸法，主要以前两者为主，《圣济总录》中就有多例是采用隔水加热的煮出法来制作药酒的。

5. 元明清时期的药酒

元明清时期，随着经济、文化的进步与发展，医药学也有了长足的发展，这也更利于药酒的制备水平的提高。

明代医学家李时珍写成了举世闻名的著作《本草纲目》，该书收集了大量前人和当代人的药酒配方。后来有人统计《本草纲目》中关于药酒的配方共计200多种。这些配方大多数是便方，用药少，简便易行。

《随息居饮食谱》是清代王孟英所编撰的一部食疗名著，其中的药酒多以烧酒为酒基，与明代以前的药酒以黄酒为酒基有明显的区别。这也是近现代以来，药酒及滋补酒类制造上的一大特点。

明清时期是药酒新配方不断涌现的时期。明代吴旻的《扶寿精方》、龚庭贤的《万病回春》《寿世保元》、清代孙伟的《良朋汇集经验神方》、陶承熹的《惠直堂经验方》、项友清的《同寿录》、王孟英的《随息居饮食谱》等都记载了明清时期出现的新方。

而这些新方有以下两个特点。

（1）补益性药酒显著增多。明代吴旻的《扶寿精方》中记载了9种药酒方，虽不多，却极为珍贵。在《万病回春》和《寿世保元》两书中，记载药酒方近40种，其中以补益为主的药酒占有显著地位。与明清以前相比，这一时期可说是补益药酒繁荣发展的时期。

（2）慎用性热、燥热之药。金元时期滥用温燥药的风气遭到许多著名医学家的批评，这也对明清时期的医学产生了深刻的影响。因此明清的很多药酒配方是采用平和的药物以及补气养阴药物组成的，制备方法一般为热浸法。

6. 现代配制酒

随着人们生活水平的提高，对于饮料酒的需求不断增加，配制酒生产得以较快发展。从1952年全国酒类评比活动以来，配制酒获奖产品逐届都有增加。例如，

1952 年的第一届全国评酒会，金奖白兰地被评为国家名酒；1963 年的第二届全国评酒会评出金奖白兰地、特制白兰地、山西竹叶青这三种酒为国家名酒；1973 年的第三届全国评酒会评出金奖白兰地、山西竹叶青为国家名酒，广州五加皮酒、北京莲花白酒为国家优质酒；1984 年轻工业部酒类质量大赛中首次将配制酒（露酒）单独进行分组评选，评选出烟台葵花牌金奖白兰地、北京夜光杯牌白兰地、北京丰收牌莲花白、山西古井亭牌竹叶青四个金杯奖；广州双鹤牌五加皮、哈尔滨红梅牌五加皮等 7 个银杯奖；北京鹿头牌人参白兰地、吉林向阳牌人参露酒等 12 种配制酒获得铜杯奖。1988 年配制酒生产达到鼎盛时期，产量接近 110 万吨，为历史最高。

我国地域辽阔，资源丰富，提供了配制酒生产所选用的酒基和用以调配色、香、味等的水果、植物、药材等。通过采用新技术、新装备，提高产品的科技含量，加强配制酒功能性理论的深入研究，随着生物技术的发展，微生物资源作为配制酒原料也将开辟配制酒的新时代。

二、中国配制酒的特点及分类

中国配制酒的种类繁多，大多为保健型配制酒。它们是利用酒的药理性质，遵循医食同源的原理，配以中草药及有食疗功用的各色食品调制而成的，品种繁多，极具中国特色，令人叹为观止。

（一）中国配制酒的特点

我国配制酒的制作方法与外国产品大致相同。不同之处有两点：第一，是我国所用酒基为中国特有的白酒和黄酒；第二，是我国绝大部分药酒采用中医药材为调料，具有较高的医疗价值。我国还独创了加入虎骨、乌鸡、蛇、鹿茸等动物性原料所制成的滋补型配制酒和疗效型配制酒，而外国配制酒一般不采用动物性原料。

我国配制酒的酒度为 20~45 度。一般药酒类酒度较低，为 20~30 度；芳香植物类的配制酒酒度较高，大约 40 度。

（二）中国配制酒的分类

1. 按酒基的不同分类

（1）以黄酒为酒基的配制酒，如浙江省江山市的白毛乌骨鸡补酒。

（2）以葡萄酒、果酒为酒基的配制酒，如吉林通化葡萄酒厂的人参葡萄酒。

（3）以蒸馏酒或食用酒精为酒基的配制酒，如五加皮酒、竹叶青、莲花白、十全大补酒、园林青酒。

2. 按加入的原料分类

1）露酒

露酒是以发酵酒、蒸馏酒或食用酒精为酒基，加入可食用的辅料、食品添加剂，进行调配、混合或再加工制成的。它具有营养丰富、种类繁多、风格各异的特点。露酒涵盖的范围很广，包括花果型露酒、动植物芳香型露酒、滋补营养酒等酒种。它改变了原有酒基的风格，其营养补益效果，非常符合现代消费者的健康需求。

（1）原料。露酒的原辅料可供选择的品种很多，如宫丁香、枸杞子、人参、蛇、当归、动物的骨骼等，可以说，凡是在中医中能够入药的品种，基本上都能按照一定生产工艺去生产露酒。特别是近年来科技水平持续发展，扩大了原料的选择范围，野生资源类有红景天、刺梨等野生果；花卉类中如梨花、玫瑰、茉莉、菊花、桂花等，都为露酒的产品细分、市场细分、功能细分提供了巨大的收藏空间。

我国有丰富的药食资源，所以露酒品种也较多，典型产品有山西的竹叶青酒、东北参茸酒、三鞭酒，西北的虫草酒、灵芝酒等产品。

（2）分类。露酒的种类很多，分类方法各异。除了常见的如根据国家标准中按香源分类的方法之外，还有一些其他的分类方法，如按香源分类、按生产工艺分类、按保健作用分类等。

① 按香源分类。

植物类露酒，是指利用食用或药食两用植物的花、叶、根、茎、果为香源或者营养源，再加工制成的具有明显植物香气及有益成分的配制酒。

动物类露酒，是指利用食用或药食两用动物及其制品为香源或营养源，再加工制成的具有明显动物有益成分的配制酒。

动植物类露酒，是指同时利用动物、植物有益成分制成的配制酒。动植物类露酒常常以植物及动物的各部位为色、香、味原料，以各种粮谷类、果实类原料酿造的酒为酒基，进行生产。

② 按生产工艺分类。

再蒸馏型，是以植物及动物的各部位为呈香、呈味原料，将原料用食用酒精或白酒先进行浸泡，再与酒同时蒸馏，蒸馏液作为香料液，依照原料及调配技术，确定产品风格。再蒸馏型露酒要求产品无色或微黄，香气醇厚和谐，酒质纯正。

直接调配型，将食用酒精经脱臭处理后，直接调入商品香精或调入各种方法制得的香料进行配制。直接调配型露酒可以用食用色素着色，因此会具有鲜艳的色泽和浓郁的香气，含糖量高，和利口酒类型差不多，属餐后酒或调制鸡尾酒的调配用酒。

③ 按保健作用分类。

营养型露酒，是指根据中医理论，针对不同的消费人群，采用动、植物中的微量元素、维生素、活性物质（核酸、酶、激素、黄酮类）等各种营养成分，进行科学配比并以调整机体内外环境的平衡或增加机体免疫功能为目标而制成的配制酒。如人参酒、八珍酒、蔓仙延寿酒、百益长春酒以及周公百岁酒等。

功能型露酒，是指针对人体的某种生理功能将要或已经发生变化时（如感觉器官、神经功能发生退行性变化时），利用中草药中的营养成分及特殊的药理作用预防、改善或延缓这种现象的发生，在提高机体整体功能的基础上，重点突出某种作用而制成的配制酒。功能型露酒是不以治疗为目的的饮料酒，如红颜酒、换骨酒、桃花酒、虎骨酒、枸杞酒、国公酒等。

（3）特点。露酒具有营养丰富、品种繁多、风格各异的特点。露酒生产选用酒基品种不同，其呈色、呈香、呈味原材料取材广，又没有统一的标准，生产过程、方法也没有办法统一规范，因而不能形成统一的主体香，即统一的风格，这就是露酒不同于其他酒种而独具特殊风味的原因。根据产品质量总体要求，露酒应具有以下几个特点。

① 色泽：露酒产品没有统一色泽要求，以各种香源提取液的色泽为准。

② 香气：露酒呈香成分来源复杂，受酒基、香源物料提取方法，调配技巧等多方面的影响。

③ 滋味：露酒没有统一的味感，糖度不宜太高，以免因腻口而不清爽。酒度不宜过高，以减少刺激。整体要求具有醇和、舒顺、纯净的特点。

④ 风格：要求具有露酒本身的独特风格。露酒产品采用的原材料品种不同，生产工艺又没有统一的规范，因而独具一格。

（4）鉴别。

① 市场上有一些采用染料代替食用色素来兑制的伪劣露酒，鉴别方法如下：把一片白纸放入酒中，数分钟后捞起，再用清水冲洗，冲洗后所染颜色基本不变说明此染料为非食用色素。但需注意的是，若颜色基本洗净，也不能说明一定就

是食用色素，因为酸性染料都有此特点。

② 露酒具有协调的色泽，澄清透明无沉淀杂质，如出现浑浊沉淀或者杂质则可以认定为是不合格产品。

③ 不同的露酒具有不同的香气及口味特点。原则上要求无异香、无异味，醇厚爽口。而出现异香或异味的原因一般是酒基质量低劣，香料或中药材变质，配制不合理等。

（5）行业标准。

我国果露酒原料资源十分丰富，卫生部颁布了四批共 77 种既可食用又可用于药物的动植物，都可作为酿制露酒的原料。露酒在生产过程中添加的原料以中药材成分居多，饮用后能够对人体产生有益的药理作用。1994 年 7 月，我国轻工业部发布了 QB/T 1981—94 露酒行业标准，该标准规定了露酒的术语、产品分类、技术要求、试验方法、检验规则、标志、包装、运输和储存要求。

如今露酒的标准为《中华人民共和国行业标准》，该标准的定义是以蒸馏酒、发酵酒或食用酒精为酒基，以食用动植物、食品添加剂作为呈香、呈味、呈色物质，按一定生产工艺加工而成，改变了原酒基风格的饮料酒。

2）药酒

中医中药是我国的特产，是中华民族对人类文明作出的重要贡献之一。那么中医学中的酒剂，自然有着悠久的历史。从《五十二药方》《黄帝内经》到东汉张仲景《伤寒杂病论》《金匮要略》，再到唐代孙思邈《千金方》等经典医著①，都提到了各种药酒制作方法和功效。

药酒是以白酒、葡萄酒或黄酒作为基酒，再配以中药材、糖料等为辅料制成的酒。酒度一般为 20~40 度，对防治疾病和增强体魄具有良好效果，堪称酿酒史上的伟大创造。

三、中国配制酒的主要品种

（一）竹叶青酒

1. 简介

竹叶青酒，以汾酒为基酒，保留了竹叶本身的特色，再添加砂仁、紫檀、当归、陈皮、公丁香、零香、广木香等 10 余种名贵中药材以及冰糖、雪花白糖、蛋

---

① 陈熠.中国药酒的起源和发展[J]. 江西中医药，1994(2)：48-49.

清等配料酿制而成。竹叶青酒和闻名中外的汾酒，都来自汾阳杏花村汾酒厂，在第二、三届全国评酒会上，两者均被评为全国十八大名酒之一。竹叶青酒，色泽金黄透明而微带青绿，因其有汾酒和药材浸液形成的独特香气，所以芳香醇厚，入口甜绵微苦，无刺激感，余味悠长。

2. 发展历史

竹叶青酒在古代就已闻名，当时是用黄酒加竹叶合酿而成的配制酒。历代有很多诗句中都提到了这种酒，如梁简文帝萧纲的“兰羞荐俎，竹酒澄芳”的诗句，北周文学家庾信在《春日离合二首》诗中有“三春竹叶酒，一曲鹍鸡弦”的佳句。现代的竹叶青酒用的则是改进后的配方，相传这一配方是明末清初的爱国者、著名医学家、大书法家傅山先生设计并流传至今的。傅山先生关心民间疾苦，精通医道，他寻觅良药并浸泡于美酒中，从而使竹叶青酒发展成为今天闻名全球的佳酿。20 世纪 50 年代，杏花村汾酒厂从精选药材、浸泡兑制到勾兑陈酿等工序都建立了完整的竹叶青酒的生产工艺，使酒体完整、和调匀称，虽具有多种药材香气，但其中的任一种香气均不吐露。竹叶青酒在全国配制酒类中独树一帜，年平均出口量近千吨，远销五大洲，深受国内外消费者的喜爱，它在一些国家被誉为“仙酒”。1975 年，我国著名数学家华罗庚到杏花村汾酒厂推广优选法，对浸泡工艺等进行了反复试验和挑选，改进了操作规程，使竹叶青酒的优质率由 32%提高到 52%。

3. 功效

竹叶青酒的烈度不大，饮后使人心舒神旷，有润肝健体、和胃消食的功能。竹叶青酒中砂仁主治胸膈胀满、食积气滞；公丁香性辛、温，有暖胃、降逆、止痛的功效，对脾胃虚寒、呃逆、哎唠、吐泻、脘腹疼痛有很好的疗效。药随酒力一同进入，对心脏病、高血压、冠心病和关节炎都有一定的疗效。

国家卫生监督检验所运用先进的检测手段进行检测，再经过严格的动物和人体试食实验得出的科学数据，进一步证明了竹叶青酒还具有促进肠道双歧杆菌增殖、改善肠道菌群、润肠通便、增强人体免疫力等保健功能。

（二）五加皮酒

广东独特的地理气候环境孕育了著名的广州五加皮酒。广东地处亚热带并位于沿海地区，每年大半时间都处在多雨潮湿的天气中。湿气重容易导致湿邪困身，所以广东饮食非常注重下火祛湿。凉茶、老火汤和广州五加皮酒就成了广东饮食文化的标记。广州五加皮酒具有独家秘方，是以白酒为酒基，再以地道药材，如五加皮、肉桂、野生人参等多种天然草本为辅料，经128道工序酿制而成。

（三）莲花白酒

1. 简介

莲花白酒采用新工艺，以陈酿高粱酒，加以当归、何首乌、肉豆蔻等20余种有健身、乌发功效的名贵中药材，再用西峡名泉——五莲池泉水酿制而成，酒精含量45%~50%，含糖量为8%，无色透明，药香酒香相互协调，芳香宜人，醇厚甘甜，回味悠长。莲花白酒具有滋阴补肾、和胃健脾、舒筋活血、祛风除湿等功效。

2. 发展历史

莲花白酒是我国历史名酒，为历代封建王朝的贡品。金末元初，作家和历史学家元好问任西峡县令，偏爱莲花白酒，它也是北京地区历史最悠久的著名佳酿之一，自明朝万历年间，莲花白酒的酿造采用万寿山昆明湖所产的白莲花，用它的蕊入酒，酿成名副其实的“莲花白酒”，此配制方法是封建王朝的皇宫御用秘方。在清末徐珂编《清稗类钞》中也有关于莲花白酒的记载：“瀛台种荷万柄，青盘翠盖，一望无涯。孝钦后每令小阉采其蕊，加药料，制为佳酿，名莲花白。注于瓷器，上盖黄云缎袱，以赏亲信之臣。其味清醇，玉液琼浆，不能过也。”

第二节 外国配制酒

国外的配制酒通常是以酿造酒、蒸馏酒为基酒加入各种酒精或香料制成的。配制酒的种类多来自欧洲，其中以法国、意大利、荷兰等国最为有名。接下来为大家依次介绍。

1. 配制酒的三种制作方法

（1）浸渍法——将果实、药草、果皮等浸入酒中充分入味，再经分离而成。

（2）调配法——将植物性天然香精料加入食用酒精或烈酒中，调配色泽及香味。

（3）蒸馏法——在蒸馏过程中加入其他原料或香草果实植物一同蒸馏而成，这种方法多用于制作无色透明的甜酒。

2. 配制酒的种类

（1）开胃酒（Aperitif），又称餐前酒，其作用是增进食欲。著名品种有味美思（Vermouth）、比特酒（Bitter）、茴香酒（Aniseed）等。

（2）甜食酒（Dessert wines），又称强化葡萄酒。著名品种有雪莉酒（Sherry）、波特酒（Port wine）。

（3）利口酒（Liqueur），又称餐后酒，其作用是帮助消化。著名品种有君度（Cointreau）、咖啡蜜（Kahlua）、蓝橙酒（Blue curacao）、白可可酒（White crème de cacao）。

下面我们就分别来详细地介绍一下这三种配制酒。

一、开胃酒

（一）开胃酒的简介

开胃酒酒精含量不低于 15%，由葡萄酒制成，并增添了白兰地或其他烈性酒。在这些酒中加入了各种香草和其他天然香料，并拥有这些香料的香气、味道及特性。

传统的开胃酒大多是以香料或一些植物等为原料来增加酒的香味。现代开胃酒大多为调配酒，以葡萄酒或烈性酒做酒基，直接或在蒸馏时加入植物性原料的浸泡物。如今市面上有很多开胃酒，如威士忌、金酒、香槟酒，某些葡萄原汁酒和果酒等等。

随着人们饮酒习惯的演变，开胃酒专指以葡萄酒和某些蒸馏酒为主要原料的配制酒，如味美思、比特酒、茴香酒等。

（二）开胃酒的来源

开胃酒一词来源于拉丁文 ape rare，也就是“打开”的意思（指的是在午餐前打开食欲）。一部分人认为这个词起源就带着中产阶级的背景，也有一些人说它诞生于中世纪，那个时期人们喜欢在午餐前品尝药酒或添加过香料的葡萄酒，也有人相信它源于古罗马时代，因为那些人们已经开始喝甜酒了。

接着便出现了味美思酒，甜葡萄酒也随后出现。到了 20 世纪，人们才逐渐养成在正餐前喝酒的习惯。开胃酒一词被当作名词使用的历史，可以追溯到 1888 年。它指酒（如味美思酒、奎纳皮酒）或酒精（如茴香酒、苦味酒、龙胆健胃剂）制成的饮料，也可指水果白兰地和利口酒（如鸡尾酒、威士忌）。喝开胃酒的习惯与社会风气、习俗有关，也会因不同的国家、阶级和环境而有所差别。

（三）开胃酒的类型

1. 味美思

“味美思”一词起源于德语，亦称苦艾酒，其名来源于一种叫作苦艾的植物。

味美思的主要成分是葡萄酒，占 80%左右，它以干白葡萄酒为酒基，另一种主要成分则是各种各样的配制香料。一般生产者对自己产品的配方都是很保密的，但大体上有这样一些原料：蒿属植物、金鸡纳树皮、木炭精、鸢尾草、小茴香、豆蔻、龙胆、牛至、安息香、可可豆、生姜、芦荟、桂皮、白芷、春白菊、丁香、苦桔、风轮菜、鼠尾草、接骨木、百里香、香草、陈橘皮、玫瑰花、杜松子、苦艾、海索草等。

1）味美思酒的基本制作方法

（1）在葡萄酒中直接加入调香材料浸泡而成。

（2）在葡萄酒发酵期间，将配好的香料、药材放入葡萄汁中一同发酵。

（3）提前制作好调香材料，再按比例兑入葡萄酒中。

（4）在味美思中加入二氧化碳，使其成为味美思起泡酒。

不同的味美思有不同的配方，如白味美思需要加入冰糖和蒸馏酒，进行搅匀、冷澄、过滤、装瓶，含糖量为 10%~15%，色泽呈金黄色；红味美思需要加入焦糖来进行调色，含糖 15%左右，色泽呈琥珀黄色；干味美思则含糖量不超过 4%，酒度在 18 度左右。

2）味思美酒的分类

（1）意大利味美思（Italy vermouth）

意大利酒法规定味美思须以 75%以上的干白葡萄酒为原料，且原酒不应带有明显的芳香，虽然所用的芳香植物多达三四十种，但以苦艾为主，成品酒略呈苦味，故又名苦艾酒。

（2）法国味美思（France vermouth）

法国的味美思按酒法规定，要以 80%的白葡萄酒为原料，所用的芳香植物也以苦艾为主。成品酒含糖量较低，为 40 克/升左右，呈禾秆黄色，口味淡雅，苦涩味明显，更具刺激性。

3）味美思的储存与饮用

味美思是一种葡萄酒，开瓶之后，酒应该放在冰箱中，并尽量要在 6 周之内饮用完。因为在 6 周之后，味美思尤其是干味美思便呈现出更暗的颜色并且散发着“过期”的霉味。饮用味美思，可以用一些新鲜的柑橘汁来加以调适。味美思冷藏后可以直接饮用，也可以加入带柠檬片的冰块后饮用。

2. 比特酒

比特酒，又称苦酒或必打士，是在葡萄酒或蒸馏酒中加入树皮、草根、香料及其他药材浸制而成的酒精饮料。比特酒酒味苦涩，酒度为 16~40 度。创始于 1845 年的布兰卡家族，意大利米兰的菲奈特 · 布兰卡是意大利最有名的比特酒。该酒一直以来都延续着选用天然草本植物为原料的传统酿制方法，从四个大洲挑选超过 30 种草药和香料，经灌输、萃取、煎制使其与酒水巧妙融合，把其中精华及有益成分都保留在了最终的成品中，其酒度为 40~45 度，味道甚苦，被称为“苦酒之王”。

比特酒从古药酒演变而来，具有药用和滋补的双重功效。比特酒种类繁多，有清香型，也有浓香型；有淡色，也有深色。但不管是哪种比特酒，苦味和药味都是它们的共同特点。

比特酒主要产自意大利、法国、特立尼达、荷兰、英国、德国、美国、匈牙利等，其中比较著名的比特酒有以下几种。

（1）康巴丽（Campair），产于意大利米兰，是由橘皮和其他草药调配而成，酒液呈棕红色，药味浓郁，口感微苦。其中的苦味是来自奎宁，酒度为 26 度。

（2）安高斯杜拉（Angostura），产于特立尼达，是以朗姆酒为酒基，以龙胆草为主要调制原料。酒液呈褐红色，药香怡人，味道虽然微苦但却十分爽适，深受拉美国家人喜爱，酒度 44 度。

（3）安德卜格（Underberg），产自德国，酒精含量 44%，呈殷红色，具有解酒的功效，是用 40 多种药材、香料浸制而成的烈酒，通常采用 20 毫升的小瓶包装，在德国平均每天可售出 100 万瓶。

3. 茴香酒

茴香酒是以食用酒精或烈性酒作为酒基，再加入茴香油或甜型大茴香子调制成的。茴香油从青茴香和八角茴香中提取，所以含有大量的苦艾素。青茴香油多用于制作利口酒，八角茴香油则多用于制作开胃酒。

茴香酒以法国产品最为出名。酒液根据品种的不同而呈现出不同的色泽，浓郁迷人，口感独特，味重且带有刺激，酒度在 25 度左右。

比较著名的法国茴香酒有里卡尔、巴斯的斯、彼诺、白羊倌等。

现今，最受人欢迎的茴香酒有 Per nod 牌茴香酒、51 茴香酒（pasties 51）等。

Per nod 牌茴香酒酒精含量为 40%~68%，口感较为清淡、口味甘甜、不含苦艾酒的苦味，由许多植物为原辅料制成，其中就包含苦艾。苦艾是一种药用植物，主要用于治疗皮肤瘙痒、头痛头晕、瘫痪胃弱、虫积腹痛、月经不调、肿瘤、急性细菌性痢疾等疾病。[①]

51 茴香酒色泽金黄，味道甘甜。在普罗旺斯方言中，pasties 的意思是“经过混合”或“调和”。作家 Daniel Young 先生曾在他所著 *Made in Marseille*（《马赛制造》）一书中写道：当该饮品与水混合后会浑浊，茴香酒的名字就是根据其阴沉的酒体外观来命名的。以上所描述的所有特性，人们都可以在一瓶 51 茴香酒中找到，该酒必须慢慢地饮用才能感受其奇妙之处。

（四）开胃酒的储存和饮用

开胃酒可以在室温下或充分冷藏之后饮用，也可以从冰箱中直接取出饮用（这也是最佳饮用方法），或者加入新鲜的冰块饮用。以葡萄酒为酒基酿制的开胃酒酒度大约为 18 度，该酒在开瓶后要及时饮用不可以长时间保存，已开封的酒应在冰箱中保存并且在 6 周内饮用完。

（五）开胃酒的常见饮用方法

（1）净饮。使用工具：调酒杯、鸡尾酒杯、量杯、酒吧匙和滤冰器。做法：先把 3 粒冰块放进调酒杯中，再量 42 毫升开胃酒倒入调酒杯中，再用酒吧匙搅拌 30 秒钟，最后用滤冰器过滤冰块，把酒倒入鸡尾酒杯中，还可以加入一片柠檬来进行装饰。

（2）加冰饮用。使用工具：平底杯、量杯、酒吧匙。做法：先在平底杯加进半杯冰块，随后量 1.5 量杯开胃酒倒入平底杯中，再用酒吧匙搅拌 10 秒钟，后加入一片柠檬装饰。

---

① 阿娜姑·托合提. 维药苦艾化学成分及其生活活性的初步研究[D]. 新疆大学，2012.

（3）混合饮用。开胃酒可以作为餐前饮料与汽水、果汁等混合饮用。

二、甜食酒

（一）甜食酒简介

在西餐中不论是便餐还是宴会，都十分讲究以酒配菜，并在长期的饮食实践中总结出了一套相配的规律。总的来说，就是口味清淡的菜式与香味淡雅、色泽较浅的酒品相配，深色的肉禽类菜肴与香味浓郁的酒品相配[①]，因此也就区分了餐前甜酒和餐后甜酒。甜食酒，又称餐后甜酒（liqueur），它是佐助西餐的最后一道食物——餐后甜点来饮用的酒品。通常以葡萄酒作为酒基，加入食用酒精或白兰地以增加酒精含量，故又称为强化葡萄酒，口味甘甜。甜食酒的主要生产国有葡萄牙、西班牙、意大利、希腊、匈牙利、法国等。常见的酒类有波特酒、雪利酒、马德拉、玛萨拉等。

（二）甜食酒种类

1. 雪莉酒

（1）雪莉酒简介

雪莉酒是最普通的强化葡萄酒，产于西班牙加勒斯省，被称为西班牙的国宝。雪莉酒分为两大类：菲奴和奥鲁罗索，其他品种都是这两类的变形。菲奴类雪莉酒可以在喝汤时饮用，也可以用作开胃酒；奥鲁罗索类雪莉酒是最好的餐后甜酒。喝雪莉酒前先冰镇一下会更加爽口。

雪莉酒的著名酒名牌有布里斯特（干）、布里斯特（甜）、沙克（干、中甜）柯夫巴罗米诺等。

（2）雪莉酒原料品种

酿造雪莉酒主要以 Palomino 葡萄为主，另外两个品种是 Moscatel Grodo Blanco 及制造甜酒的 Pedro Ximenez（PX），葡萄因为具有丰富的天然糖分，所以以它为原料酿出的酒又黑又稠又甜。

（3）雪莉酒主要类型

菲奴：颜色淡黄，是雪莉酒中色泽最淡的，香气优雅，让人有清新的感觉，十分悦人。口味甘甜、清新、爽快，酒度为 15.5~17 度。菲奴不宜久藏，最多储

---

① 肖凡. 酒可开胃 酒可传情 吃西餐将进酒[J]. 广西质量监督导报，1998(3)：15.

存两年。曼赞尼拉是一种陈酿类型的菲奴，此酒微红色，透亮晶莹，香气与菲奴接近，但是它的味道更醇美，常有类似于杏仁苦味的回香，让人舒畅。西班牙人最喜爱此酒。巴尔玛是菲奴的出口学名，分 1~4 档，档次越高，酒越陈。阿蒙提拉多是菲奴的一个品种，它色泽十分美丽，香气带有核桃仁味，口味甘冽而清淡，酒度为 15.2~22.8 度。

奥鲁罗索：是强香型酒，颜色呈金黄棕红色，透明晶亮，香气浓郁扑鼻，具有核桃仁香味，口味浓烈、软绵，酒体饱满。酒度为 18~20 度，也有 24 度、25 度的。巴罗高大多是雪莉酒中的珍品，大多数都是陈酿 20 年再上市。阿莫路索又叫爱情酒，是用奥鲁罗索与甜酒勾兑而成的，呈深红色，香气与奥鲁罗索接近但不那么突出，味道甘甜，英国人尤其喜爱此酒。

2. 波特酒

（1）波特酒简介

波特酒是葡萄牙产的强化葡萄酒，它是用葡萄酒和白兰地勾兑而成的。根据葡萄牙政府的政策，如果酿酒商想在自己的产品上写“波特”的名称，必须具备以下三个条件。

① 用斗罗河上游的奥特 · 斗罗（Alto Douro）地域所种植的葡萄酿造。

② 必须在斗罗河口的维拉 · 诺瓦 · 盖亚酒库内陈化和储存，并从对岸的波特港口运出。

③ 产品的酒度在 16.5 度以上。

如不符合以上三个条件中的任何一条，即使是在葡萄牙出产的葡萄酒，都不能冠以“波特酒”的名称。

被允许用来酿造波特酒的葡萄品种有 80 多种，通常一个葡萄园会种植不同的葡萄品种。其中有 5 个品种被公认是可以酿造出优秀的波特酒的品种，分别是国产多瑞加、卡奥红、巴罗卡红、法国多瑞加和罗丽红，其中以国产多瑞加最为著名，酿造的波特酒颜色深黑，单宁强劲。

（2）波特酒的类型

① 白波特，用灰白色的葡萄酿造，一般是作为开胃酒饮用的，主要产自葡萄牙北部崎岖的斗罗河山谷。酒的颜色通常呈金黄色，但是随着陈年时间增加，颜色也愈渐加深，口感圆润，饮用时通常还带着香料或者蜜的香气。

② 红宝石波特，最年轻的波特酒，它在木桶中逐渐酿制而成。一般来说酒色比较深，带有黑色浆果的香气，当地人喜欢把它当成餐后甜酒来饮用。

③ 茶色波特，也称为陈年波特，是用比较温和精细的木桶酿制而成的，比红宝石波特存放在木桶里的时间要长，要等到出现茶色（一般指的是红茶色）才行。贴上的标签有 10 年、20 年、30 年，甚至是 40 年的，也有很便宜的商业化的酒，一般都是用一些白波特和年轻的红宝石波特混合的酒。茶色波特一般有着好闻的干果香气，适合于做餐后甜酒。

④ 年份波特。它只在最好的年份才做，一般每 3 年做一次，自然也是挑选最好的葡萄进行酿制。年份波特一般需要经过两年的木桶培养，好酒则需要数十年的瓶陈才能成熟。由于这类酒是瓶陈，所以酒渣很多，喝的时候需要换瓶，酒的口味也是非常浓郁且具有芳香的。

3. 马德拉酒

（1）马德拉酒简介

马德拉酒，出产于大西洋上的马德拉岛，用当地生产的葡萄酒和葡萄烧酒为基本原料勾兑而成酒的。马德拉葡萄酒多为棕红色，但也有干白葡萄酒，是上好的开胃酒，也是世界上比较闻名的优质甜食酒之一。马德拉酒的名品有鲍尔日、巴贝都王冠、利高克、法兰加等。

（2）马德拉酒的种类

马德拉酒有舍赛尔、韦尔德罗、布阿尔和玛尔姆赛四类。

① 舍赛尔是干型酒，色泽金黄或淡黄，香气浓郁，人称“香魂”，口味醇厚，常被西方厨师用作料酒。

② 韦尔德罗也是干型酒，但比舍赛尔稍甜一点。

③ 布阿尔是半干型或半甜型酒。

④ 玛尔姆赛是甜型酒，是马德拉酒家族中地位最高的酒。此酒呈棕黄色或褐黄色，香气扑鼻，口味极佳，比其他同类酒更醇厚，整体给人一种富贵豪华的感觉。

前两类多用作开胃酒和佐汤，后两类则是很好的甜食酒。

（3）马德拉酒的储存与饮用

马德拉酒是一种强化葡萄酒，且比一般餐酒保存的时间长，最好是存放几天后再饮用。饮用时把酒瓶直立起来直到所有沉淀物沉到瓶底，然后慢慢地倒出。开瓶之后，马德拉酒有 6 周的保存时间，切忌存于高温、日晒、潮湿的地方。马德拉酒应在冰箱中冷藏后再饮用，且饮用之前不宜加冰。

（三）甜食酒的功能

甜食酒有促进食物消化、健胃功能，餐后配咖啡或奶油冰淇淋口味甚好，舒缓心情，有一定的滋补作用。

三、利口酒

（一）利口酒简介

利口酒因英文 liqueur 译音而得名，又译为“利口”或“利娇”，是以中性酒如白兰地、威士忌、朗姆酒、金酒、伏特加或葡萄酒为基酒，加入果汁和糖浆然后再浸泡各种水果或香料植物经过蒸馏、浸泡、熬煮等制成的，至少含有 2.5%的甜浆。甜浆可以是糖或蜂蜜，大部分的利口酒含甜浆量都超过 2.5%。

利口酒气味芬芳，口味甘甜，适合饭后单独饮用，也特别适合用来调配各种有色彩层次的鸡尾酒，还具有和胃、醒脑等保健作用，也可以用作烹调和制作甜点用酒。

利口酒素有“液体宝石”的美称，因为它是颜色最鲜艳、最晶莹、最丰富的一种酒。西方人普遍追求浪漫，所以调制利口酒时，其外观呈现出红、黄、蓝、绿等许多鲜艳的或复合的色彩。利口酒的香味和艳丽，尤其受到欧洲上流社会女士的喜爱，她们喜欢将服装和宝石的颜色与杯中利口酒的亮丽颜色相搭配。为此，利口酒各大生产商也致力于研究各种配制方法，潜心制作各种风味不同、色彩多变的利口酒，这也使得利口酒成为世界上最难懂的酒之一。

（二）利口酒来源

利口酒一词来源于拉丁词语 liquefacere，是“溶化”“溶解”的意思（指使人柔和）。最早的利口酒被用作药物使用，修道院的僧侣用它来治疗各种疾病。进入航海时代之后，因为新大陆和亚洲生产的植物被引进欧洲，所以制作利口酒的原料也变得丰富多彩。到了 18 世纪以后，人们更重视水果的营养价值，用于制作利口酒的水果种类也不断增加，如苹果、草莓、李子、橘子、橙子等。现在，常用的提香、提味原料包括水果、香草、香料、草药、树皮、种子、坚果、鸡蛋、奶油等，都可以被加入利口酒中。目前利口酒的主要生产国有法国、意大利、荷兰、德国、匈牙利、英格兰、俄罗斯、爱尔兰、丹麦、美国和日本。

（三）利口酒种类

根据蒸馏酒和添加材料的不同，利口酒的味道和香气也会发生些许改变，因此可以制成种类繁多的酒。利口酒分类时，通常只考虑添加的主要材料，不考虑蒸馏酒的种类。

1. 果实类利口酒

果实类利口酒种类繁多，可以使用橙子、柠檬、樱桃、苹果、香瓜、香蕉、李子、椰子、柚子、桑葚等材料制作。果实类利口酒的味道、香气、颜色都很丰富，因为口味清爽新鲜，所以在利口酒中最受欢迎。

代表酒品：库拉索（Curacao）。库拉索利口酒产于荷属库拉索岛，以荷兰 Bols 公司生产的最为著名。该酒用库拉索岛特产的苦橙皮浸泡在基酒中制成，橙味诱人，香气扑鼻，微苦但却十分舒适。

2. 草本类利口酒

草本类利口酒以香草、草药、香料等草本植物作为原料，此类利口酒的酿造工艺比较复杂，配方保密，具有神秘色彩和药用功能。

代表酒品：查特酒（Chartreuse）。此酒是法国修道院发明的一种闻名世界的利口酒，由 130 种不同的香草和香料制成并在橡木桶中陈酿。其中最有名的是绿查特酒（chartreuse verte，酒精度高达 55%，味道强烈浓郁）和黄查特酒（chartreuse jaune，酒精度为 43%，口感淡且甜）。

3. 种子类利口酒

种子类利口酒是使用种子、坚果等酿造的利口酒，特点是味道醇厚。一般用含油高、香味烈的坚果种子酿制。

代表酒品：茴香酒（Anisette）。用茴香配制而成的利口酒，带有甘草风味，口味香浓刺激，分有色和无色，一般有明亮的光泽，酒度约为 25 度。

4. 乳脂类利口酒

果实类、草本类、种子类利口酒，都是以植物性成分为原料制成的利口酒。还有在基酒中添加生奶油或鸡蛋等动物性成分的利口酒，即乳脂类利口酒，这种利口酒开创了利口酒的新领域，因而备受关注。

代表酒品有蛋黄酒（Advocaat）。蛋黄酒是荷兰和德国的传统利口酒，它的制作方法是在白兰地中添加蛋黄、白砂糖、香草等。蛋黄酒色泽绚丽，口感甘甜清淡，酒度约为 18 度。此外，因为蛋黄酒在荷兰语的名字里有“律师”的意思，所以据说饮用此酒后，就会变得像律师一样滔滔不绝。

（四）利口酒酿造方法

1. 蒸馏法

蒸馏法分为两类：一是将原料直接浸渍在基酒中，然后一起蒸馏；二是浸渍后取出原料，只用基酒浸泡过的汁液进行蒸馏。但是无论用哪种方法，最后得到的酒液都是无色透明的，最后再加入甜浆和植物色素，使酒液变甜变色。蒸馏法主要用于香草类、柑橘类的干皮等原料的提香、提味上。

2. 浸渍法

将新鲜的原料浸泡在基酒中，使其味道和色泽与酒液充分融合，然后将原料滤出，最后加入甜浆和植物色素以增加甜度和颜色，最后将酒液滤清即可装瓶，也可以使用橡木桶陈酿。

3. 渗透过滤法

这种方法类似煮咖啡的过程，一般用于草药、香料利口酒的生产。将原料放在上面的容器中，基酒放在下面的容器中，加热后水汽或酒精往上升，穿过原料层并提取一定量的味道和香气。如此循环往复，直到酒液具有足够的风味。这是一种很精细的酿造方法，也被称为蒸汽蒸馏法。

4. 香精法

将植物性的天然香精加入基酒中，并调其甜度和颜色。值得注意的是，用此法酿造的利口酒一般品质低劣，法国已禁止此类利口酒的生产。

（五）利口酒的饮用方法

（1）纯饮。利口酒可以纯饮，但要讲究侍酒温度。果实类、草本类、乳脂类利口酒最好冰镇；种子类利口酒适宜常温下饮用。

（2）加冰。在葡萄酒杯或鸡尾酒杯中加入半块碎冰块，倒入利口酒，插入吸管即可饮用。

（3）混饮。很多利口酒的糖度都很高，可以加入雪碧、苏打水、柠檬水、菠萝汁等混合饮用。此外，还可以将浓稠的利口酒淋在冰淇淋、果冻上。

第八章

鸡　尾　酒

第一节　鸡尾酒概述

鸡尾酒，很多人对它都不陌生，近年来它占据了国内外大量的酒市场并深受年轻人的喜爱，但大家对它的了解却不多。鸡尾酒因其对色、香、味、形的追求，被称为艺术酒。它本身有一定的神秘色彩。接下来我们就要揭开这层面纱，带领大家走进鸡尾酒的神秘世界。

一、鸡尾酒的种类

作为一种深受年轻人，尤其是女性喜爱的时尚产品，鸡尾酒有与生俱来的不羁、个性、叛逆、张扬、独立、自我的时代烙印。如果将其仅仅作为一种低酒精度的饮料或者酒类产品，其生命力总是有限的。[①]最近几十年来，鸡尾酒为了满足顾客需求，不断推陈出新，如今品种多达 2000 多种，但是可以将其归纳成以下 30 大类。

1. 霸克类（Bucks）

霸克类鸡尾酒是用烈酒，加姜汽水、冰块，采用兑和法调配而成的，饰以柠檬，盛酒容器是高杯。

2. 考伯乐类（Cobblers）

考伯乐是长饮类饮料，可用白兰地等烈性酒加橙皮甜酒或糖浆调制，再用水果装饰。这类酒酒精含量较少，在炎热的天气中非常受人们喜爱。

3. 柯林类（Collins）

柯林通常以威士忌、金酒等烈性酒，加柠檬汁、糖浆或苏打水兑和而成，也是一种酒精含量较低的长饮类饮料。

---

① 蒋军. 鸡尾酒：品类突围到文化制胜[J]. 销售与市场(评论版)，2014(12)：84-87.

4. 奶油类（Creams）

奶油类鸡尾酒是以烈性酒加一至两种利口酒后摇制而成的。因为口味较甜，柔顺可口，餐后饮用效果颇佳，深受女士的青睐，名品有青草蜢、白兰地亚历山大等。

5. 杯饮类（Cups）

杯饮类鸡尾酒通常以烈性酒如白兰地等加橙皮甜酒、水果等调制而成，但目前以葡萄酒为酒基调制已成为时尚，该类酒的容器一般是高脚杯或大杯。

6. 冷饮类（Coolers）

冷饮类鸡尾酒是一种清凉饮料，以烈酒兑和汽水或苏打水、石榴糖浆等调制而成，与柯林类鸡尾酒同属一类，但通常有一条切成螺旋状的果皮做装饰。

7. 克拉斯特类（Cluster）

克拉斯特是用各类烈性酒如金酒、朗姆酒、白兰地等加冰霜稀释而成，属于短饮类饮料。

8. 得其利类（Daiquiris）

得其利属于酸酒类饮料，它主要是以朗姆酒为酒基，加上柠檬汁和糖配制而成的冰镇饮料，调成的酒品非常清新，但因其容易出现分层，需尽快饮用。

9. 黛西类（Daisy）

黛西类鸡尾酒是以烈酒如金酒、威士忌、白兰地等为酒基，加糖浆、柠檬或苏打水等调制而成，属于酒精含量较高的短饮料鸡尾酒。

10. 蛋诺类（Egg nog）

蛋诺类鸡尾酒是一种酒精含量较少的长饮类饮料，通常用烈性酒，如威士忌、朗姆酒等加入牛奶、鸡蛋、糖、豆蔻粉等调制而成，在高杯或异型鸡尾酒杯内饮用。

11. 菲克斯类（Fixes）

菲克斯是一种以烈性酒为酒基，加入柠檬、糖和水等兑和而成的长饮类饮料，常以高杯作为载杯。

12. 费兹类（Fizz）

费兹是一种以烈性酒如金酒为酒基，加入蛋清、糖浆、苏打水等调配而成的长饮类饮料，因最后兑入苏打水时有一种“嘶嘶”的声音而得名。如金菲士等。

13. 菲丽浦类（Flips）

菲丽浦通常以烈性酒如金酒、威士忌、白兰地、朗姆酒等为酒基，加糖浆、鸡蛋和豆蔻粉等，采用摇和的方法调制，以葡萄酒杯为载杯。如白兰地菲丽浦。

14. 佛来佩类（Frappes）

佛来佩是一种以烈性酒为酒基，加各类利口酒和碎冰调制而成的短饮类饮料，它也可以只用利口酒加碎冰调制，最常见的是薄荷酒加碎冰。

15. 高杯类（Highball）

高杯饮料是一种最为常见的混合饮料，它通常是以烈性酒，如金酒、威士忌、伏特加、朗姆酒等为酒基，加苏打水、汤尼克水或姜汽水兑和而成，因以高杯作为载杯而得名。这是一类很受欢迎的清凉饮料。

16. 热托地（Hot Toddy）

热托地是一种热饮，它是以烈性酒如白兰地、朗姆酒为酒基，兑以糖浆和开水，并缀以丁香、柠檬皮等材料制成，适宜冬季饮用。

17. 热饮类（Hot Drinks）

热饮类鸡尾酒与热托地相同，同属于热饮类鸡尾酒，通常以烈性酒为酒基，以鸡蛋、糖、热牛奶等辅料调制而成，并采用带把杯为载杯，具有暖胃、滋养等功效。

18. 朱力普类（Juleps）

朱力普俗称薄荷酒，常以烈性酒如白兰地、朗姆酒等为酒基，加入刨冰、水、糖粉、薄荷叶等材料制成，并用糖圈杯口装饰。

19. 马提尼类（Martini）

马提尼是用金酒和味美思等材料调制而成的短饮类鸡尾酒，也是当今最流行的传统鸡尾酒，它分甜型、干型和中性三种。其中以干型马提尼最为流行，由金酒加干味美思调制而成，并以柠檬皮做装饰，酒液芳香，深受饮酒者喜爱。

20. 曼哈顿类（Manhattan）

曼哈顿与马提尼同属短饮类，由黑麦威士忌加味美思调配而成。以甜曼哈顿最为著名，其名来自美国纽约哈德逊河口的曼哈顿岛，其配方经过了多次演变至今已趋于简单。甜曼哈顿通常以樱桃装饰，干曼哈顿则用橄榄装饰。

21. 老式酒类（Old fashioned）

老式酒类，又称为古典鸡尾酒，是一种传统的鸡尾酒，调制的原材料包括烈性酒，主要是波旁威士忌、白兰地等，加上糖、苦精、水及各种水果等，采用兑和法调制而成，用正宗的老式杯装载酒品，故又称为老式鸡尾酒。

22. 宾治类（Punch）

宾治是较大型的酒会中必不可少的饮料，有含酒精的，也有不含酒精的，即使含酒精，其酒精含量也很低。调制的主要材料是烈性酒、葡萄酒和各类果汁。宾治酒变化多端，具有浓、淡、香、甜、冷、热、滋养等特点，适合于各种场合饮用。

23. 彩虹类（Pousse cafe）

普斯咖啡，又称为彩虹酒，它是以白兰地、利口酒、石榴糖浆等多种含糖量不同的材料按其比重不同依次兑入高脚甜酒杯中制成，制作工艺不复杂，但对技术要求较高，尤其要了解各种酒品的比重。

24. 瑞克类（Rickeys）

瑞克是一种以烈性酒为酒基，加入苏打水、青柠汁等调配而成的长饮类饮料，与柯林类饮料同类。

25. 珊格瑞类（Sangaree）

珊格瑞类饮料不仅可以用通常的烈性酒配制，还可以用葡萄酒和其他基酒配制，属于短饮类饮料。

26. 思迈斯类（Smashes）

思迈斯是朱力普中一种较淡的饮料，是用烈性酒、薄荷、糖等材料调制而成，加碎冰饮用。

27. 司令类（Slings）

司令是以烈性酒如金酒等为酒基，加入利口酒、果汁等调制，并兑以苏打水混合而成，这类饮料酒精含量较少，清凉爽口，很适宜在热带地区或夏季饮用，如新加坡司令等。

28. 酸酒类（Sours）

酸酒可分为短饮酸酒和长饮酸酒两类，酸酒类饮料是以烈性酒为酒基，如威士忌、金酒、白兰地等，以柠檬汁或青柠汁和适量糖粉为辅料。长饮类酸酒是兑以苏打水以降低酒品的酸度。酸酒通常以特制的酸酒杯为载杯，以柠檬块装饰，常见的酒品有威士忌酸酒、白兰地酸酒等。

29. 双料鸡尾酒类（Two-liquor drinks）

双料鸡尾酒，是以一种烈性酒与另一种酒精饮料调配而成的鸡尾酒。这类鸡尾酒口味特点是偏甜，最初主要做餐后甜酒，但现在任何时候都可以饮用，著名的酒品有生锈钉、黑俄罗斯等。

30. 赞比类（Zombie）

赞比俗称蛇神酒，是一种以朗姆酒等为酒基，兑以果汁、水果、水等调制而成的长饮类饮料，其酒精含量一般较低。

此外，还有漂漂类（Float）、提神酒类（Pick-me up）、斯威泽类（Swizz1e）、无酒精类、赞明类（Zoom）等。

二、鸡尾酒的饮用方式

因为鸡尾酒一般具有开胃的作用，所以最早是作为餐前饮用的饮料，但是随着其种类的逐渐增多，使之有烈、柔、酸、甜、冷、热之分，有大杯也有小杯，所以只限于餐前饮用未免太狭隘了。最早期的鸡尾酒只是人们为追求新鲜刺激而生的一种混合型饮料，而现在人们饮用鸡尾酒是追求时尚或表达内心情感的一种方式。现代年轻人面对多重压力，很多人会选择喝酒来调节自己的情绪，由于鸡尾酒由果汁以及多种口味的酒混合而成，既能让人找到醉醺醺的感觉，又不像白酒那样火辣烧口，因而鸡尾酒深受年轻人的欢迎。此外现代人饮用鸡尾酒的目的不一，但多数为品尝、会客、交友以及酒吧休闲，故而鸡尾酒有长饮和短饮的区别。

短饮类比较有特点的是 B-52 轰炸机鸡尾酒，饮用方式十分特别，饮用时要配上短吸管和打火机。这种酒一般有两种喝法，即用吸管或是一口喝下。饮用 B-52 不仅需要胆量还需要技巧，将酒带火一口气吞入口中，然后立即合紧嘴巴，火会立刻熄灭，这样就能体验到冰火两重天的感觉。需要注意的是，B-52 酒杯很烫，嘴唇不要靠到杯子。如果比较保守也可拿吸管插到杯子底部，一口气吸完。

长饮类鸡尾酒最为常见，如玛格丽特、新加坡司令、血腥玛丽以及金菲士等。长饮类鸡尾酒对时间要求并不严格，但在冰块完全融化之前口味最佳。多数鸡尾酒不存在挂杯这一说法，所以出于礼仪最好不要大幅度摆弄酒杯也不要托举杯底。同时要区分品酒的持杯法和饮鸡尾酒的持杯法，后者没有过多礼仪和技术要求，但也注意不要把高脚杯口拎起来饮用。有吸管的，请尽量用吸管饮用；如果是长饮类鸡尾酒且不是大型杯具，直接饮用不算失仪；有搅棒的，不需要故意频繁搅动以致失态。几乎所有的鸡尾酒都不需要出品后再劳驾客人自己加工，但是瑞克类鸡尾酒是一个例外。瑞克类的酒都很清澈，但里面的酸橙角要即时加工，需客人自己动手。杯饰的水果，食用类的尽量不佐食，咬过再放回不雅，但大块菠萝、奇异果金马天尼内的奇异果碎果可以食用；各类朱力普风格酒中的薄荷也可以直接喝下去；纯杯饰不要吃，如蓝色夏威夷里的鲜花、马颈里的螺旋橙皮、血玛丽里的芹菜叶；水果杯饰可能插有小果签，也需特别注意一下防止受伤。

多数鸡尾酒我们在家就可以调出，只有少数需要去酒吧找专业调酒师。其实鸡尾酒是人们享受生活的产物，并没有太多的礼仪，只要品酒者喝得快乐即可。

第二节　鸡尾酒成分

美国一本权威性的词典中对鸡尾酒的定义是：鸡尾酒是一种量少冰镇的含酒精的饮料，它以朗姆、威士忌或其他蒸馏酒为酒基，或以葡萄酒为酒基，再配以其他材料，如果汁、鸡蛋、比特酒、糖等，以搅拌或摇制法调制而成，最后再加以柠檬片或其他材料装饰。[1]此中对鸡尾酒的定义很详细，那么概括来说调制鸡尾酒的原料大致我们可以分为三大类，即基酒、辅助材料和装饰材料。

一、基酒

基酒又叫酒基、底料、主料，它是鸡尾酒的中心部分，对鸡尾酒的整体风格和口味起着决定作用。通常把烈性酒作为基酒，其含量不低于鸡尾酒总量的一半，

① 东方. 鸡尾酒调制知识[J]. 江苏食品与发酵，2004(2)：24-25.

主要都是酿造酒、蒸馏酒、配制酒。选择基酒也需要一定的技巧。

（一）白兰地（Brandy）

“白兰地”一词最初来自荷兰文，意为“烧制过的酒”。世界上生产白兰地的国家很多，但以法国为最。比较著名的可作为基酒的白兰地品种有拿破仑（X.O.Courvoisier）、苹果白兰地（Busnel）、轩尼诗（Hennessy）、人马头（Remy martin）、马爹利（Martell）等。

（二）伏特加（Vodka）

伏特加的主要生产国是俄罗斯。

比较著名的被作为基酒的伏特加品种有莫斯科夫卡亚（Moskov skaya）、斯道力西那亚（Seolichaya）、绝对伏特加（Absolut aodka）、首都伏特加（Stolichnaya）。

（三）威士忌（Whisky）

威士忌的酿制工艺过程分为六个步骤：发芽、磨碎、发酵、蒸馏、陈年、混配。

一些比较有名的被作为基酒的威士忌品种有格兰菲迪（Glenfiddich）、芝华士（Chivas regal）、顺风（Cutty sark）、老什米尔（Old bushmills）、占美臣（Jamson）。

（四）金酒（Gin）

金酒又叫杜松子酒或者琴酒，是以谷物为原料发酵、蒸馏而成。原产国是荷兰，在英国发扬光大，是世界第一大类烈酒。20 世纪 30 年代金酒在北京生产出来，销售最盛时期在 1946 年，在来华美国人中极为畅销。

金酒按口味风格可分为干金酒、黑刺李金酒、荷兰金酒和普利茅斯金酒四种。干金酒质地较淡、清凉爽口，略带辣味；黑刺李金酒由金酒浸泡黑刺李并加糖制成，讨人喜欢的口味很适合调酒；荷兰金酒除了有十分浓烈的杜松子气味外，还具有麦芽的香味；普利茅斯金酒只使用带有甜味的药用植物为素材，风味特殊。

比较著名的被作为基酒的金酒品种有比菲特（Beefeater）、波尔斯（Bols）、哥顿金酒（Gordon's dry gin）、邦贝（Bombay）。

（五）朗姆酒（Rum）

比较著名的被作为基酒的朗姆酒品种有哈瓦那俱乐部（Havana club）、百家得

（Bacardi）、拉莫尼（La mauny）、萨凯帕（Ron zacapa）。

（六）龙舌兰（Tequila）

龙舌兰酒（西班牙文为 Tequila）又叫特基拉、特吉拉，被称为墨西哥的灵魂，是墨西哥的国酒。特基拉原本是墨西哥的一个小镇，因为生产龙舌兰而闻名。此酒以龙舌兰（Agave）为原料，属蒸馏酒一类。

比较著名的可作为基酒的龙舌兰酒品种有金快活（Jose cuervo）、玛格丽特（Margarita）、龙宫龙舌兰酒（Casa dragones）、唯一奇迹龙舌兰酒（Milagro unico）。

二、辅助材料

虽然基酒能够决定酒的特点，但是辅助材料也不能忽视，常用的辅料有果汁、冰块、香料等，它们可以增强鸡尾酒色、香、味，在原有的基础上使得鸡尾酒更加具有独特性。下面为大家介绍一些比较常见的鸡尾酒辅助材料。

（一）果汁

在调制鸡尾酒过程中，加入新鲜的果汁，使酒和果汁充分融合在一起，能够减少烈性基酒的刺激感，并增加果酸味，使之成为口味更好的饮用鸡尾酒。而且一般在调制过程中，需要尽量使用现榨的果汁，这样才能维持果汁的口味与鲜度。一般常用的果汁有柠檬汁、葡萄汁、橙汁、苹果汁、芒果汁等。

（二）碳酸饮料

碳酸饮料能够增加鸡尾酒的口感，对于它的调制并没有具体要求，随性而来，混搭模式可能会有意想不到的效果，勾兑的方法和用量因人而异。一些比较常用的碳酸饮料有可乐、雪碧、七喜等。

（三）香辛材料

说到香料，肯定有人会疑惑，它也可以加入鸡尾酒吗？其实很多鸡尾酒都可以添加香料进行调制，在世界范围内甚至掀起了一股“香料鸡尾酒”的潮流。香料本身具有特殊的香气和味道，与酒融合在一起更是风味独特。现在调制的鸡尾酒中，香料的作用也愈加显著。加入鸡尾酒的香料一般有肉豆蔻、桂皮、丁香、辣椒和胡椒粉。

（1）肉豆蔻。它又叫肉果、玉果，它的颜色呈暗棕色，气味芳香，味道辛辣且苦，属于常绿乔木植物，原产于马来西亚、印度尼西亚等热带地区，在我国西南地区也有少量种植。肉豆蔻在我国并不常见，但是在西方却是常见的香料，肉豆蔻粉经常用来调制鸡尾酒。

（2）桂皮。它是香桂，为天竺桂、细叶香桂等树皮的统称。颜色呈灰褐色，气味芳香浓郁，味道辛辣且甜。在西方常被用作香料，在我国多用于调味。

（3）丁香。被用作香料的丁香是将丁香花干燥制成，颜色呈浅红色，气味芬芳。多产于坦桑尼亚、马来西亚、印度尼西亚等热带地区。

（4）辣椒。大家对辣椒都很熟悉，被用作调制鸡尾酒的辣椒水，颜色为红、绿两种，味道辛辣。

（5）胡椒粉。胡椒原产于印度西部的马拉巴尔海岸，被称为“香辛料之王”。胡椒粉是用来调制鸡尾酒的常用辅料，有白胡椒和黑胡椒两种，白胡椒粉颜色呈淡黄色，黑胡椒粉颜色呈黑褐色，气味芳香，味道辛辣。

（四）其他辅助材料

（1）鸡蛋。采用新鲜的鸡蛋调制鸡尾酒，一般可以分别加入蛋黄或蛋清，也可以把整个鸡蛋都放进去，但是因为鸡蛋本身具有腥味，所以调制过程中需要剧烈地摇晃酒杯，使之与其他配料充分融合。

（2）新鲜牛奶。加入鸡尾酒的牛奶应是新鲜牛奶，用完后要及时放入冰箱冷藏保存。牛奶与绿薄荷酒、糖浆搭配，调制出来的鸡尾酒更有感觉。

（3）咖啡。需要采用风味浓郁且醇厚的咖啡或咖啡粉来调制鸡尾酒，这样在加入糖和酒精后，咖啡的味道才不会被掩盖。

（4）糖浆。它是鸡尾酒调制中的常用配料，可以适当地增加甜味。对于糖浆的要求比较少，常用的糖浆有薄荷糖浆、黑加仑糖浆、水果糖浆等。

（5）冰块。冰是调制鸡尾酒的重要配料，要尽量选用新鲜的冰块，加入会使口感比较清爽。但是要注意的是，并不是所有的鸡尾酒都要加入冰块，有些鸡尾酒加入冰块可能会把原来的味道冲淡，反而适得其反。

三、装饰材料

装饰影响人们对鸡尾酒的第一印象。好的装饰不仅能提高客人对酒的“印象分”，也能起到调味的作用。鸡尾酒的饰品大部分色彩艳丽、造型美观，酒在被装饰以后也会更加妩媚、光彩照人。在使用装饰物时要注意颜色和口味应与酒品保持和谐一致，并力求其外观色彩缤纷，能够引起视觉享受，同时伴以个性化创新来为宾客提供独特的体验。

使用装饰材料时，可尽情地运用想象力，使各种原材料灵活组合变化。装饰物对饮品风格、饮品外在形象有着重要影响。只有加上相配的装饰，才能使一款鸡尾酒成为一杯色、香、味俱佳的饮品。

（一）装饰物的品种

鸡尾酒的装饰品十分灵活，无论是水果，花草，还是一些饰品、杯具，都可以用作鸡尾酒的装饰物。目前流行的鸡尾酒的装饰物有以下类型。

（1）水果类，如柠檬、樱桃、香蕉、草莓、橙子、菠萝、苹果、葡萄柚、猕猴桃、西瓜和哈密瓜等。

（2）蔬菜类，如珍珠洋葱、青瓜、西芹、黄瓜和青橄榄等。

（3）花草类，如玫瑰、热带兰花、蔷薇、菊花和薄荷叶等。

（4）饰品类，如花色酒签、花色吸管和调酒棒等。

（5）酒杯类，如各种异型酒杯。

（6）其他类，如糖粉、盐、豆蔻粉和肉桂棒等。

酒吧常用的标准装饰物有青柠檬角、挤汁用柠檬皮、带把樱桃、橄榄、杏片、蜜桃片、橙片、珍珠洋葱、芹菜杆、菠萝块、香蕉片、新鲜薄荷叶、刨碎的巧克力或刨碎的椰子丝、香料、泡状鲜奶和肉桂棒。

（二）装饰的品种

鸡尾酒的装饰基本上可以分成下列几类。

（1）杯口装饰。杯口装饰大多是水果，给人以活泼、自然的感觉，使人赏心悦目，它既是装饰品，又是美味的佐酒品。

（2）盐边、糖边。对于某些酒，这种装饰必不可少。其做法是：先取一个干净的杯子，用切开的柠檬片擦拭杯口一周，使杯口完全湿润。然后，将杯口倒扣入糖或盐中轻轻按压。最后，轻轻旋转一周使杯口处完全挂匀糖或盐。它既美观，又是不可缺少的调味品。

（3）杯中装饰。杯中装饰的装饰物大部分是由水果制成的，适用于酒体清澈的酒，普遍具有装饰和调味的双重作用。

（4）调酒棒。调酒棒大多花色繁多、做工精细。它既是调酒时不可缺少的工具，也能对酒起点缀作用。

（5）酒杯。品种各异、晶莹剔透的酒杯，本身便是艺术品，也是美酒很好的衬托品。

（三）装饰规律

鸡尾酒种类繁多，装饰要求也千差万别，但其中仍有一般规律可循。

（1）应选择与鸡尾酒酒品原味相协调的装饰物。要求装饰物的味道和香气与酒品原有的香气和味道相吻合，使二者的风味相辅相成。

（2）突出鸡尾酒的特色。装饰物的选取主要取决于鸡尾酒配方的要求，它是一个重要组成部分，因此不应以追求创新为由随意改动。

（3）保持传统习惯，搭配固定装饰物。按传统习惯，搭配固定装饰物在传统的鸡尾酒配方中尤为显著。例如，在费兹酒类中，常以一片柠檬和一颗红色樱桃来做装饰物；马提尼一般都以橄榄或柠檬来做装饰物等。

（4）色泽搭配，表达情意。五彩缤纷的颜色固然是鸡尾酒装饰的一大特点，但是在颜色使用上也不能随意选取，色彩本身都有其内涵。例如，红色是热烈而兴奋的，黄色是明朗而欢快的，蓝色是抑郁而悲哀的，绿色是平静而稳定的。灵活地使用颜色可以使酒呈现出不同的感情。

（5）象征性的造型更能突出主题和特色，如特基拉日出（tequila sunrise）杯上的红樱桃，能让人联想到天边冉冉升起的一轮红日；而马颈杯中盘旋而下的柠檬长条又让人联想到骏马美丽而细长的脖颈。

（6）形状与杯型的协调统一，形成鸡尾酒装饰的特色。装饰物形状与杯型务必协调一致，用平底直身杯或高达矮脚杯少不了吸管和调酒棒这两个装饰物。另外，用大型的果片、果皮或复杂的花形来做辅助装饰，可以表现出挺拔秀气的观感；用樱桃等小型果实做辅助装饰，可以增添新鲜色彩。用古典杯时要注意体现传统风格，如果想要给人稳重的感觉，可以尝试将果皮、果实、蔬菜等可食用物直接放进酒水中，另外短吸管与调酒棒也是很好的装饰品。高脚小型杯（主要指鸡尾酒杯和香槟杯）常常用樱桃、橘瓣之类来搭配，果瓣或果实直接放在杯边或者用鸡尾签串起来悬在杯上，既能给人小巧玲珑的感觉，又能体现出丰富的色彩。用糖霜、盐饰杯也是此类酒中较常见的装饰。但切记，鸡尾酒的装饰一定要保持简单、整洁。

（7）注意传统规律，切勿画蛇添足。鸡尾酒的制作中装饰是个重要环节，但并不是说，每杯鸡尾酒都一定要有装饰品，有几种情况是不需要装饰的。例如，表面有浓乳的酒品，这类酒品除按照配方可撒些豆蔻粉之类的调味品外，一般情况下就不需要任何装饰了，因为如浮云的白色浓乳本身就是最好的装饰；彩虹酒（分层酒）是在彩虹杯中兑入不同颜色又互不相溶的酒品，使其层层分明、色彩各异，即使没有过多装饰，酒色已经非常美了，过多的装饰反而会显得杂乱。此外，在鸡尾酒的装饰过程中，有些约定俗成的规则，例如，如果酒液浑浊，装饰物就挂在杯边或杯外，如果酒液清澈，就把装饰物放进杯中。

第三节　鸡尾酒的调制

作为一种艺术酒，鸡尾酒刚一出现，大部分人的目光就被其缤纷的色彩和独特的口味吸引，这要归功于它的调制，毫不夸张地说，调制是鸡尾酒的灵魂。对于鸡尾酒的调制，分以下四个部分来进行说明。

一、调酒器具及其使用方法

鸡尾酒的调制过程中需要专业的器具来做辅助，好的器具既方便鸡尾酒的调制，也能使调酒师的技术得到充分发挥，并且带给客人美的享受，让人心情愉悦。下面我们就来介绍一些基本的调酒器具及其使用方法。

（一）开瓶器

开瓶器用于开启各种带软木塞的酒瓶。

使用方法：①先用小锯齿刀切开酒的胶帽；②用螺旋钻头倾斜着钻入木塞最中心的位置；③旋转螺旋钻头进入软木塞，慢慢旋转直至把木塞旋转出来。

（二）量酒杯

量酒器又叫盎司杯，分为大、中、小三种型号，是计量酒水的一种金属杯，每一种量酒器两端容量都不一样，最常见的是中号量酒杯，它的容量分别为 30 毫升和 45 毫升。

使用方法：用拇指、食指和中指夹住量酒杯；注入酒水；倾倒量酒杯注入调酒壶等。

（三）调酒壶

调酒壶又叫摇酒壶，是不锈钢制品。它分为两种，一种为雪克壶，由壶身、过滤网、壶盖三部分组成，分为 250 毫升、350 毫升、550 毫升、750 毫升四种容量，可采用单手摇和双手摇两种摇法；另一种为波士顿摇酒壶，由金属壶身和上盖玻璃杯组成，使用方法主要是双手摇。

使用方法：①将冰块放入调酒壶，再注入材料，盖紧调酒壶；②双手或者单手执壶用力摇晃片刻（一般为 5 秒到 10 秒，摇至酒壶外表起霜停止）；③用滤冰器滤去残冰，将饮料倒入鸡尾酒杯中。

（四）调酒杯

用于调制鸡尾酒和饮料，多为平底玻璃杯。将易于混合的鸡尾酒材料倒入调酒杯中，经过勾兑和搅拌之后制成混合饮品。

（五）滤冰器

它相当于是放在调酒壶中的过滤网，倒酒时过滤冰块。

使用方法：将滤冰器扣在调酒杯的杯口上方，调酒杯的注流口向左，滤冰器的柄朝相反的方向，将右手的食指抵住滤冰器的凸起部分，其他四指紧紧握住调酒杯的杯身，左手按住鸡尾酒杯的底部，将酒滤入调酒杯中。

（六）调酒棒

一种由塑料或者玻璃制成的细棒，主要用于搅拌鸡尾酒。根据酒的不同，可以由调酒师搅拌，也可由客人搅拌。

（七）酒吧匙

酒吧匙为不锈钢制品，也称为调酒匙。匙头用于搅拌或者量取酒水，另一端为叉，可用于叉取水果，中间呈螺旋状。

使用方法：在调制鸡尾酒时，左手的大拇指和食指握住调酒杯的下部，右手的无名指和中指夹住酒吧匙柄的螺旋部分。调制时，拇指和食指不用力，而是用中指的指腹和无名指的指背使酒吧匙在调酒杯中按照顺时针方向连续转动。酒吧匙放入或者拿出杯中时，要注意匙背应该向上。

（八）其他调酒器具

除以上介绍的调酒器具外，还有其他调酒器具，例如，搅拌器（用于制作果汁或者其他配料的搅拌）、冰桶和冰夹（用于放置冰块和取出冰块）、冰锥和碎冰器（用于捣碎冰块和将冰块变成冰水）、水果刀（用于切削水果等鸡尾酒装饰材料）、案板（用于切削各种水果等鸡尾酒装饰材料）、吸管（在饮用鸡尾酒时使用，分为长而粗和短而细两种类型）。调酒器具类型多样，可以根据所要制作鸡尾酒的难易程度来选择。

二、调制鸡尾酒的方法

调制鸡尾酒的方法大致可以分为四种：摇和法、调和法、兑和法和搅和法。

（一）摇和法

摇和法又叫摇荡法，是鸡尾酒调制中最普通而且简易的方法。具体做法是将酒类材料、辅料、冰块等放入调酒壶内，用力来回进行摇晃，使材料相互混合均匀，以此除去酒的辛辣，使鸡尾酒变得更加温和。这种方法适用于基酒为酒精度较高的鸡尾酒或者是含有鸡蛋、奶油、果汁等材料的鸡尾酒。

1. 器材

调酒壶（雪克壶）、量酒杯、酒杯、滤冰器、冰锥、冰夹、调酒匙。

2. 操作步骤

（1）将材料按所需分量放于调酒壶中。

（2）用冰夹取出冰块，放进调酒壶中。

（3）盖好调酒壶，用右手大拇指抵住上盖，食指及小拇指夹住调酒壶，中指和无名指支撑调酒壶，左手无名指和中指托住调酒壶底部，食指与小指夹住调酒壶，大拇指夹住过滤盖，双手握紧调酒壶，手背抬高至肩膀，用手腕来回于水平方向各摇动约 10 次。

（4）摇匀后即可滤酒，左手握紧调酒壶，右手打开壶盖，将酒滤入调酒杯。

3. 注意事项

放料调制的先后顺序，首先放入适量冰块，然后放入调酒辅料，最后放入主料基酒。有以下几点需要注意。

（1）不可以加入带气的饮料摇晃，如苏打水等。

（2）要根据调制的酒量来选择合适的调酒壶，一次调制的酒量不可太多，壶中要留有一定的空间。

（3）摇壶分为单手摇壶和双手摇壶，小号和中号调酒壶适合单手摇壶，大号调酒壶适合双手摇壶。

（4）摇壶时要快速、剧烈，饮料才能够充分融合。

（5）摇酒时身体不要剧烈晃动，尽量保持美观大方，面部要自然。

（6）摇匀之后，马上将酒滤入相应的酒杯之中。

（二）调和法

调和法又叫搅拌法，是将材料和冰块倒入调酒杯中，用调酒匙充分搅拌均匀。使用这种方法可以保持原材料的风味，通常用于调制烈性鸡尾酒。

1. 器材

调酒杯、调酒匙、量酒杯、滤冰器、冰锥、冰夹、酒杯。

2. 操作步骤

（1）将材料用量酒杯量出适宜分量后，倒入调酒杯中。

（2）用冰夹夹取冰块，放入调酒杯中。

（3）左手握住调酒杯，右手用调酒匙靠杯中内壁沿一个方向迅速搅动大约 10 秒钟，前后来回搅 3 次，再分别正转两圈倒转两圈。

（4）移开调酒匙后加上滤冰器滤出冰块，再把酒液倒入酒杯中。

3. 注意事项

（1）冰块的数量要根据酒量的数量增减。

（2）要正确使用调酒匙。

（3）不要紧握调酒杯和滤冰器，避免手上的热量导入酒中。

（4）搅拌时要在调酒杯上盖上滤冰器，防止酒液溅出。

（5）要严格控制搅拌时间，搅拌动作也不可以过分剧烈，要保证酒的个性不会被破坏。

（三）兑和法

兑和法又叫直调法、直接注入法，它的做法非常简单，不需要过多技巧，也不需要调酒壶和调酒杯，只需要把材料直接注入酒杯就可以了，但要控制好分量。

1. 器材

鸡尾酒杯、量酒杯、冰块、冰夹和冰锥。

2. 操作步骤

（1）将材料用量酒杯量出正确分量后，倒入鸡尾酒杯中。

（2）用冰夹夹取冰块，放入鸡尾酒杯中。
（3）倒入其他配料直至满杯即可。

3. 注意事项

（1）调制时，将材料按照比重大小依次倒入。
（2）倒入时，动作要轻，减少晃动，避免将配料洒出。
（3）让材料顺着杯壁流入杯中。
（4）调制后要即刻饮用，不可永久放置，避免口感变质。

（四）搅和法

搅和法也叫搅拌法，是用搅拌器（配酒器）将材料混合并搅拌均匀。它经常被用于制作新鲜果汁或者其他固体饮料，还是制作具有冰凉风格鸡尾酒时的一种关键方法（冰凉风格也被称为“霜冻”，是将利口酒等材料和冰块一起放入搅拌器中，按动开关搅拌，随即倒入酒杯中）。

1. 器材

搅拌器、量酒杯、冰块、冰夹和冰锥。

2. 操作步骤

（1）将酒量用量酒杯量出正确分量后，倒入搅拌器中。
（2）用冰夹夹取冰块，放入搅拌器中。
（3）倒入其他配料，插入电源，按动开关，使之搅拌均匀。

3. 注意事项

（1）不要把分量过大的水果或冰块直接放入搅拌器中。
（2）和其他配料倒入搅拌器时要动作轻柔，慢慢倒入，防止洒出。
（3）在插入电源时要注意检查搅拌器的盖子是否盖严。

三、调制鸡尾酒的规范动作

（一）传瓶—示瓶—开瓶—量酒

（1）传瓶是指把酒瓶从酒柜或者操作台上传至手上的过程。传瓶一般是从左手传至右手或者是用右手将酒瓶传递至手掌位置。用左手拿瓶颈部传至右手，用右手拿住瓶的中间部位，或者是直接用右手提起瓶颈部分，迅速向上抛出，要求动作快速、稳准、连贯。

（2）示瓶时用左手托住瓶底，右手扶手瓶颈，呈45°把酒的商标面向顾客展示。

（3）开瓶时用右手握住瓶身，向外侧旋动，用左手的中指和拇指从正侧面按照逆时针方向将瓶盖打开，把软木帽型瓶塞直接拔出，用左手虎口夹住瓶塞。

（4）量酒则在开瓶后立即用左手的中指、食指、无名指夹住量酒杯，两臂略微抬起呈环抱状，把量酒杯放在靠近调酒壶正前上方约一寸处，量酒杯要端平，略呈一定的斜角，然后右手将酒倒入量酒杯，倒满后收瓶，左手同时将酒倒入所用的容器中。左手指按照顺时针方向塞上瓶塞，然后放下量酒杯和酒瓶。

（二）握杯—溜杯—温烫

（1）握古典杯、海波杯、哥连士等平底杯时应该握住杯子下底部，切忌用手掌拿杯口；高脚杯或脚杯应拿细柄部；白兰地杯用手握住杯身，通过手传热使其芳香溢出。

（2）溜杯需要将酒杯冷却后再用来盛酒，分为以下几种情况。

① 冰镇杯：将酒杯放在冰箱内冰镇。

② 放入上霜机：将酒杯放在上霜机内上霜。

③ 加冰块：在杯中加入冰镇冰块。

④ 溜杯：杯内加冰块使其快速旋转直至冷却。

（3）温烫即将酒杯烫热后再用来盛饮料，分为以下几种情况。

① 火烤：用蜡烛来烤杯，使其变热。

② 燃烧：将高酒精烈酒放入杯中燃烧，直至酒杯发热。

③ 水烫：用热水将杯子烫热。

（三）搅拌

搅拌是用酒吧匙在调酒或者饮用时搅动冰块使饮料混合。具体为用左手握住杯底，右手按照握毛笔的姿势，顺时针方向将酒吧匙匙背靠杯边快速旋转。搅拌时只有冰块转动声，搅拌五六圈后，将滤冰器放在调酒杯口，迅速将调好的饮料滤出。

（四）摇壶

使用调酒壶来进行饮料的混合，分为单手摇壶和双手摇壶。

（1）单手摇壶。右手食指按住壶盖，用拇指、中指、无名指夹住壶边两侧，手心不要与壶体接触。摇壶时，尽量手腕用力，手臂在身体右侧自然上下摆动，动作要快速连贯。

（2）双手摇壶。右手大拇指按住顶盖，用中指和无名指支撑调酒壶，食指按住壶身，或者是用无名指和小拇指夹住壶身，左手中指和无名指按住壶底，食指和小指夹住壶身，大拇指按住滤冰器。摇壶时可在身体左上方或者正前上方摇晃，手掌不要贴住壶身，需要留空。

（五）上霜

它是指在杯口边蘸上糖粉或者盐粉。具体是提前把酒杯擦干，用柠檬皮均匀地擦杯口边，然后将酒杯放入糖粉或者盐粉中，蘸完后要把多余的糖粉或者盐粉擦去。

（六）调酒全过程

（1）短饮：选杯—放入冰块—溜杯—选择调酒用具—传瓶—示瓶—开瓶—量酒—搅拌（或者摇壶）—过滤—装饰—服务。

（2）长饮：选杯—放入冰块—传瓶—示瓶—量酒—搅拌（或者掺兑）—装饰—服务。

四、调制鸡尾酒的注意事项

鸡尾酒的调制有很多技巧和规律，将它们一一掌握并熟练运用，对于鸡尾酒调制有很大帮助。下面介绍一下鸡尾酒调制过程中的基本知识及其注意事项。

（1）调制鸡尾酒时一定要按照先后顺序来进行调制，要准备好所需的材料，不能边调制边找酒水或者是调酒的工具。

（2）对于新手，在制作鸡尾酒之前，要学会使用量酒器，以此来保证酒的纯正。而对于经验老到的调酒师，有时候仅凭眼力和手力也可以完成。

（3）调制鸡尾酒所用的基酒和其他辅料尽量选择物美价廉的物品。

（4）所使用的辅助材料和装饰材料一定要新鲜，不要选择变质的产品。

（5）大部分的鸡尾酒都是现喝现调的，调制后的鸡尾酒要立即饮用，不要放置过长时间，否则容易使鸡尾酒失去原有的味道。

（6）下料要遵循先辅料、后主料的原则，这样的话在调制的过程中如果出现了什么错误，损失不会太大，而且冰块也不会很快融化。

（7）在使用玻璃调酒杯的时候，如果室内温度较高，应该先将冷水倒入杯中，然后再加入冰块，将水滤掉，最后加入辅助材料和装饰材料进行调制。这样做的目的是防止冰块直接进入调酒杯中，发生骤冷骤热现象使玻璃杯炸裂。

（8）在调制热饮酒的时候，切记酒精的蒸发点为 78℃，不可超过这个温度。

（9）调酒器具要经常清洁，保证取用时没有卫生问题。

（10）在调酒的过程中所使用的糖块、糖粉，要在调酒器或者是酒杯中用少量的水将其融化，然后再加入其他材料来进行调制。

（11）在调酒的过程中，“加满苏打水或者是矿泉水”这句话是针对容量适宜的酒杯而言的，根据配方的要求最后加满苏打水或者是其他饮料。而对于容量较大的酒杯，则需要掌握量，一味地“加满”会使酒变淡。

（12）调酒壶中如果剩有多余的酒，应该尽快地滤入干净的酒杯之中，而不是继续放在调酒壶中。

（13）类似于苏打水之类的含气体饮料绝对不能在调酒壶或者搅拌器内摇动。

（14）“ON THERS”是指杯中预热放入冰块再将酒淋在冰块上。

（15）“追水”是指稀释高酒精度的酒，再追加饮用水。

（16）在倒酒时，注入的酒距杯口要留杯深 1/8 的距离，太满会造成饮用上的困难，太少又会显得非常难堪。

（17）酒杯要保持光洁明亮，一尘不染，握酒杯的时候手不要靠近杯口。

（18）鸡尾酒中所用的蛋白是为了增加酒的泡沫和调节酒的颜色，对味道不会产生影响。

（19）事先用热水去浸泡水果，在压榨过程中，会多产生 1/4 的果汁。

（20）在切削水果的时候，皮尽量削薄一点，上面不要有果肉，要尽量挑选没有瑕疵、未喷过农药的水果。

（21）制作糖浆和糖粉与水的比例是 3∶1。

（22）在制作完成之后一定要养成瓶盖盖紧归于原位的习惯。

（23）酒吧匙、量酒杯等调酒器具用完洗净之后放入清水之中。

（24）一杯以上相同的鸡尾酒，不论是一次调制完成还是分为几次完成，都应将酒杯并排放置，从左至右或是由右至左，平均分配。

介绍了鸡尾酒的调酒器具及其使用方法、调制鸡尾酒的方法、调制鸡尾酒的规范动作、调制鸡尾酒的注意事项，下面再为大家介绍一些比较经典的鸡尾酒的调制。

1. 曼哈顿

（1）原料：冰块（4~5 块）、甜苦艾酒（3 份，22.5 毫升）、黑麦酒或者是波旁威士忌（3 份，70 毫升）、红樱桃（可选用 1 个）。

（2）调制：把冰块放入搅拌杯中，分别倒入甜苦艾酒、威士忌，充分搅拌，然后通过滤网倒入已经冰冻的鸡尾酒杯中，如果想要美观，可以放入一个红樱桃作为装饰。

（3）调制时间：2 分钟。

（4）调制分量：1 杯。

（5）酒色：茶色。

2. 经典白兰地

（1）原料：冰块（4~5 块）、白兰地（1 份，22.5 毫升）、蓝色橙皮酒（1 份，22.5 毫升）、黑樱桃利口酒（1 份，22.5 毫升）、柠檬（半个，榨汁）、碎冰（若干）、柠檬片（1 片）。

（2）调制：把冰块放入调酒壶，依次倒入白兰地、蓝色橙皮酒、黑樱桃利口酒、柠檬汁，充分摇晃使其均匀，然后通过过滤器倒入已经冰冻的鸡尾酒杯，再加上碎冰和楔形的柠檬片作为装饰。

（3）调制时间：3 分钟。

（4）调制分量：1 杯。

3. B-52

（1）原料：卡鲁哇咖啡利口酒（1/2 份，10 毫升）、贝利斯爱尔兰奶油（1/2 份，10 毫升）、白兰地橘子酒（1/2 份，10 毫升）。

（2）调制：把卡鲁哇咖啡利口酒倒进子弹杯内，将汤匙的柄靠在杯缘，把贝利斯爱尔兰奶油沿着汤匙背面缓缓注入，使奶油浮在卡鲁哇咖啡利口酒上层。然后用同样的方法注入白兰地橘子酒，最后将得到一杯分为三层的鸡尾酒。

（3）调制时间：4 分钟。

（4）调制分量：1 杯。

（5）酒色：3 种颜色。

4. 古典香槟

（1）原料：方糖（一块）、安古斯图拉树皮液（1~2 滴）、白兰地（1 份，22.5 毫升）、冷冻香槟酒（4 份，100 毫升）、橙片（1 片）、话梅（1 颗）。

（2）调制：把方糖放入冷冻过的香槟酒杯或者鸡尾酒杯，倒入安古斯图拉树皮液，使其浸透方糖。加入白兰地，再注入香槟酒，放进一颗话梅，用橙片作为装饰。

（3）调制时间：2 分钟。

（4）调制分量：1 杯。

（5）酒色：黄色。

5. 酸苹果

（1）原料：冰块（若干）、苹果白兰地（1 份，22.5 毫升）、柠檬汁（2/3 份，15 毫升）、细白砂糖（5 毫升）、安古斯图拉树皮液（若干滴）、鸡蛋（1 个，只用蛋白）、红苹果片（3 片）。

（2）调制：把冰块放入调酒壶，依次加入苹果白兰地、柠檬汁（不要全倒光）、细白砂糖、安古斯图拉树皮液和蛋白，摇动 30 秒，通过滤网倒入一个已经放有冰块的平底玻璃杯。把红苹果片蘸上柠檬汁，用一根竹签串起，作为装饰。

（3）调制分量：1 杯。

（4）酒色：黄色，有白沫。

6. 血腥玛丽

（1）原料：冰块（3 块）、伏特加（1 份，22.5 毫升）、番茄汁（3 份，约 70 毫升）、伍斯特郡辣酱油（2 滴）、巴斯科辣酱油（1 滴）、鲜榨柠檬汁（1 茶匙）、芹菜（1 小段）。

（2）调制：把所有的原料放入调酒壶，充分摇匀，通过滤网倒入鸡尾酒杯，用芹菜做装饰。

（3）调制时间：3 分钟。

（4）调制分量：1 杯。

（5）酒色：红色。

7. 草蜢

（1）原料：可可酒（1 份，22.5 毫升）、薄荷液（1 份，22.5 毫升）。

（2）调制：把可可酒倒入矮杯中，再把薄荷液沿着汤匙背面倒入酒杯，漂浮在可可酒的上方，最后放入一根吸管。

（3）调制时间：3 分钟。

（4）调制分量：1 杯。

（5）酒色：绿色。

8. 金司令

（1）原料：冰块（4~5 块）、柠檬（半个，榨汁）、樱桃白兰地（1 份，22.5 毫升）、琴酒（3 份，约 70 毫升）、苏打水（适当）、樱桃（2 个）。

（2）调制：把冰块放入调酒壶，注入柠檬汁、樱桃白兰地和琴酒，摇晃至调酒壶外面挂霜。倒入飓风杯中，再加满苏打水，并用 2 个红樱桃作为装饰，插上 1~2 根吸管。

（3）调制时间：3 分钟。

（4）调制分量：1 杯。

（5）酒色：红色。

9. 薄荷朱力普

（1）原料：冰块（2~3 块，碾碎成冰粒）、波旁威士忌（1 份，22.5 毫升）、带叶的薄荷枝（3 段）、糖（1/2 茶匙）、苏打水（1 汤匙）。

（2）调制：把数片薄荷叶压碎，放入古典杯或者平底大玻璃杯中，用薄荷叶擦拭酒杯内壁，然后丢弃薄荷叶。加糖，继而加苏打水，使糖溶化，放入冰粒，倒入波旁威士忌，不要搅拌，用薄荷叶来装饰。

（3）调制时间：3 分钟。

（4）调制分量：1 杯。

（5）酒色：黄色。

10. 亚历山大宝贝

（1）原料：冰块（4~5 块，碾碎成冰粒）、黑色朗姆酒（2 份，45 毫升）、可可酒（1 份，22.5 毫升）、忌廉（double cream，1/2 份，约 10 毫升）、肉豆蔻粉（少量）。

（2）调制：将冰块放入调酒壶，倒入黑色朗姆酒、可可酒和忌廉，摇晃至酒壶外面挂霜，然后通过滤网将调好的酒倒入已冰冻的鸡尾酒杯内。在酒面上撒些肉豆蔻粉作为装饰。

（3）调制时间：3 分钟。

（4）调制分量：1 杯。

（5）酒色：牛奶色。

11. 酸白兰地

（1）原料：冰块（4~5 块）、安古斯图拉树皮液（3 滴）、柠檬（1 个，榨汁）、白兰地（3 份，约 70 毫升）、糖浆（1 茶匙）、柠檬片（3 片）。

（2）调制：把冰块放入调酒壶，依次倒入安古斯图拉树皮液、柠檬汁、白兰地和糖浆，摇晃至壶外挂霜，然后通过滤网倒入平底酒杯中，把柠檬片用牙签串起做装饰。

（3）调制时间：3 分钟。

（4）调制分量：1 杯。

（5）酒色：黄色。

12. 玛格丽特

（1）原料：冰块（2 ~ 3 块）、龙舌兰酒（1 份，约 22.5 毫升）、白柑橘香甜酒（1/2 份，约 10 毫升）、莱姆汁（1 份，22.5 毫升）。

（2）调制：把冰块、龙舌兰酒、白柑橘香甜酒、莱姆汁一起倒入搅拌机，充分搅拌后倒入鸡尾酒杯中。

（3）调制时间：3 分钟。

（4）调制分量：1 杯。

（5）酒色：乳白色。

第九章

中国酒水文化

中国是世界文明古国之一，也是世界上最早开始酿酒的国家之一，酒和酒文化在中华民族五千年历史长河中一直占据着重要地位。酒也是一种特殊食品，它在人们精神生活之中是必不可少的。中国的酒文化经过几千年的传承形成了独特的风格，其中酒的起源、酒礼习俗等都值得我们学习。

第一节　酒的起源及发展

一、酒的起源

关于酒到底是怎样、何时酿出来的，有以下几种说法。

1. 酿酒始于黄帝时期

黄帝是中华民族的共同祖先，黄帝时期有过很多的发明创造。汉代成书的《黄帝内经·素问》中有黄帝与医家岐伯讨论“汤液醪醴”的记载，书中还提到一种古老的酒——醴酪（用动物的乳汁酿成的甜酒）。但由于《黄帝内经》是后人托名黄帝之作，所以可信度尚待考证。

2. 仪狄造酒

相传夏禹时期的仪狄发明了酿酒。《世本》中记载“仪狄始作酒醪”，似乎仪狄是制酒的始祖。《吕氏春秋》中有“仪狄作酒”。汉代刘向编辑的《战国策》则进一步作了说明：“昔者，帝女令仪狄作酒而美，进之禹，禹饮而甘之，曰：‘后世必有以酒亡其国者。’”

那么，仪狄是不是酒的最初发明者呢？有的古籍中还有与《世本》相矛盾的说法。例如，孔子八世孙孔鲋说帝尧、帝舜都是饮酒量很大的君王。尧、舜都早于夏禹，那么他们饮的是谁酿造的酒呢？可见说夏禹的臣属仪狄始作酒醪是不大确切的。事实上，用粮食酿酒是一件很复杂的事，单凭一己之力是很难完成的。这样看来，仪狄首先发明造酒，似乎可能性并不大。但是如果说他是位善酿美酒的匠人、大师，或是监督酿酒的官员，总结了前人的经验，完善了酿造的方法，终于酿出了质地优良的酒醪，还是有可能的。

3. 杜康酿酒

关于杜康造酒，历史文献多有记载，如《世本》云："仪狄始作酒醪，变五味。少康作秫酒。"东汉许慎《说文解字·巾部》："古者少康初作箕、帚、秫酒。少康，杜康也。"晋代江统著的《酒诰》中有这样的记载："酒之所兴，肇自上皇，或云仪狄，一曰杜康。有饭不尽，委余空桑，郁结成味，久蓄气芳，本出于此，不由奇方。"宋代朱翼中《酒经》："杜康作秫酒。"明代许时泉《写风情》："你道是杜康传下瓮头春，我道是嫦娥挤出胭脂泪。"清代，陈维崧《满江红·闻阮亭罢官之信并寄西樵》词："使渐离和曲，杜康佐酿。"朱肱《酒经》云："酒之作尚矣。仪狄作酒醪，杜康作秫酒。岂以善酿得名，盖抑始于此耶？"曹操也有"何以解忧，唯有杜康"的咏唱。在人们心目中杜康便成了酒的发明者。

4. 考古中酒的发现

大量考古事实发现，酿酒早在夏朝（4000 多年前）或者夏朝以前就存在了。

（1）磁山文化时期（公元前 7355—前 7235 年）

在对磁山文化时期的遗址进行考古中，发现了一些形制类似于后世酒器的陶器和大量谷物，说明当时出现谷物酿酒的可能性很大。

（2）河姆渡文化时期（公元前 5000—前 3300 年）

在对河姆渡文化时期和遗址进行考古中，发现有陶器和农作物遗存，说明当时已具备酿酒的物质条件。

（3）三星堆遗址（公元前 4800—前 2870 年）

该遗址地处四川省广汉，出土了大量的陶器和青铜器，其器形有杯、觚、壶等酒器。

（4）大汶口文化（公元前 4300—前 2400 年）

该遗址地处山东莒县，随葬的 80 多件陶器中，有 25 件洁白的白陶器，主要是成套的酒器，其中包括储酒的背壶、温酒的陶规、注酒的陶瓮和饮酒用的规杯。

二、酒的发展

1. 史前时期

史前时期，原始部落的人们采集的野果经过长期的储存后发霉，形成酒的气味。经过最初的品尝后，人们认为，发霉后果子流出的水也很好喝，于是，就有了酿酒技术。远古时期的酒，是未经过滤的酒醪，呈糊状和半流质，这种酒不适宜饮用，而是食用，所以酒具一般是食具，如碗、钵等大口器皿。

2. 夏朝

夏朝酒文化十分盛行，商人善于饮酒。夏朝有一种叫爵的酒器，是我国已知最早的青铜器。相传夏王朝的六世国王少康亲自造酒，可见当时人们对酒的重视程度。乡人在地方学堂于十月行饮酒礼："九月肃霜，十月涤场，朋酒斯飨，曰杀羔羊，跻彼公堂，称彼兕觥，万寿无疆。"此诗充分展示了夏朝对酒的推崇。

3. 商朝

商代酿酒业十分发达，这一时期对酒器的制作也有了成套的经验，出现了"长勺氏"和"尾勺氏"——专门以制作酒具为生的氏族。当时的酒精饮料有酒、醴和鬯，饮酒风气很盛。

4. 周朝

周代大力倡导"酒礼"与"酒德"，规定酒主要用在祭祀上，于是出现了酒祭文化，周朝最严格的礼节是酒礼，当时的乡饮习俗，以乡大夫为主，处士贤者为宾。饮酒，尤以年长者为优厚，"六十者三豆，七十者四豆，八十者五豆，九十者六豆"。其尊老敬老的民风在以酒为主体的民俗活动中生动显现。

5. 春秋战国时期

春秋战国时期，铁制工具的使用，很大程度上改进了生产技术。农民"早出暮入，强乎耕稼树艺，多聚菽粟"，提高了生产积极性，使生产力有了很大发展，物质财富极大增加，为酒的进一步发展提供了物质基础。所以，春秋战国时期记载酒的文献很多。

6. 秦汉时期

秦朝经济的繁荣发展，使得酿酒业也随之发展起来。秦汉年间出现"酒政文化"，统治者屡次禁酒，提倡戒酒，以减少五谷的消耗，但是却屡禁不止。汉朝时，人们对酒的进一步认识使酒的用途扩大。东汉名医张仲景用酒疗病，水平极高。汉代酒文化的基本功能是调和人伦、献谀神灵和祭祀祖先，汉人酒文化的精神内核是以乐为本。秦汉以后，酒文化中"礼"的色彩也越来越浓郁，酒礼严格。而东汉末年，酒文化从以乐为本向以悲为怀进行转变。

两汉时期，饮酒逐渐与各种节日联系起来，形成了独具特色的饮酒日，酒曲的种类也更加繁多。汉朝时，人们饮酒一般是席地而坐，酒樽放在地中间，里面放着挹酒的勺，饮酒器具也放在地上。

7. 三国时期

三国时期是我国酒文化繁荣发展的时期，不论是技术、原料还是种类都有很大进步。三国时期的酒风剽悍，人们嗜酒如命。陶元珍先生曾引用这样一段话评价三国时期的酒风："三国时饮酒之风颇盛，南荆有三雅之爵，河朔有避暑之饮。"三国时期也颇盛行劝酒之风，喝酒手段也比较繁杂。

8. 魏晋南北朝时期

秦汉年间提倡戒酒，到魏晋时期，酒才有合法地位，酒禁大开，允许民间自酿自饮，酒业市场十分兴盛，还出现了酒税，成为国家的财政税收之一，因此就有了"酒财文化"。魏晋南北朝时期名士饮酒风气极盛，借助于酒，人们抒发着对人生的感悟、对社会的忧思和对历史的慨叹。

魏晋时期饮酒开始流行坐床，酒具多数较为瘦长，同时出现的"曲水流觞"的习俗，把酒道向前推进了一步。

9. 隋唐时期

隋唐时期，酒与文人墨客结缘，形成了别具一格的酒文化。唐朝诗词的繁荣，促进着酒文化的发展，出现了辉煌的"酒章文化"。酒与诗词、酒与音乐、酒与书法、酒与美术、酒与绘画等，相融相兴，沸沸扬扬。唐代酒文化底蕴深厚，多姿多彩，辉煌璀璨。"酒催诗兴"是唐朝酒文化精华的体现，酒也从物质层面上升到精神层面。唐朝酒肆日益增加，酒令风行，酒文化融入人们的日常生活中。

唐人崇尚"美酒盛以贵器"。饮酒大多在饭（食）后，正所谓"食讫命酒""食毕行酒""烹鸡设食，食毕，贯酒欲饮"。当时的饮酒之道为饱食徐饮、欢饮，既不易醉，又能借酒获得更多欢聚尽兴的乐趣。

10. 宋辽金元时期

宋朝酒文化是唐朝酒文化的延续和发展，更加丰富多彩，更接近我们现今的酒文化。酒业繁盛、酒店遍布，酒店强调文化个性。金代北方民族素有豪饮的风气，喜好烧酒（阿剌吉酒）。此外，宋代还发明了蒸馏法，从此白酒成为中国人饮用的主要酒类。

11. 明清时期

明清时期，酒已成为人们生活中不可或缺的饮品，每逢佳节时令，“专用酒”十分流行。如新年饮椒柏酒、正月十五饮填仓酒、端午饮菖蒲酒、中秋饮桂花酒、重阳饮菊花酒等。清代有“酒品之乡，京师为最”之说，当时比较崇尚黄酒的是京城的达官贵人，而价廉味浓的烧酒则比较受中下层百姓欢迎。

可以说明清两代是中国历代酒道的又一个高峰，饮酒特别讲究“陈”字，“酒以陈者为上，愈陈愈妙”。此外，酒道更趋向修身养性的境界，酒令五花八门，所有世上的事物、人物、花草鱼虫、诗词歌赋、戏曲小说、时令风俗无不入令，并且雅令很多，把中国的酒文化从高雅的殿堂推向了通俗的民间。从名人雅士的所为到里巷市井的爱好，把普通的饮酒提升到讲酒品、崇饮器、行酒令、懂饮道的高尚境地。

12. 现代

如今，酒文化的核心便是“酒民文化”。人们的饮酒行为更为普遍，酒广泛地融入生活之中。贴近“生活”的酒文化得到了空前的丰富和发展，如生日宴、婚庆宴、丧宴等以及相关的酒俗、酒礼，成为人们生活的重要内容。

第二节　酒器与酒标

一、酒器

1. 酒器的定义

酒器指饮酒用的器具。在中国古代，酿酒业的发展使得各种不同类型的酒具应运而生。

2. 酒器的发展

（1）古代酒器

远古时期的人们茹毛饮血，农业的兴起使人们不仅有了赖以生存的粮食，还可以随时用谷物酿酒。陶器的出现，使人们开始有了炊具。且炊具和专门的饮酒器具被区别出来。究竟何时有了最早的专用酒具，还很难定论。因为在古代，普遍的现象是一器多用。食用的酒具大多是一般的食具，如碗、钵等大口器皿。制作酒器的材料主要是陶器、角器、竹木制品等。

早在6000多年前的新石器文化时期,就已出现了形状类似于后世酒器的陶器,如裴李岗文化时期的陶器、河姆渡文化时期的陶器。由于酿酒业的发展、饮酒者身份的高低贵贱等原因，使酒具从一般的饮食器具中分化出来成为可能。酒具质量的好坏，往往成为饮酒者身份高低的象征之一，专门的酒具设计与制作的人应运而生。在以新石器时期晚期为代表的龙山文化中，酒器的类型增加，用途明确，与后世的酒器有较大的相似性。这些酒器有罐、瓮、盂、碗、杯等。酒杯的种类繁多，有平底杯、圈足杯、高圈足杯、高柄杯、斜壁杯、曲腹杯、觚形杯等。

（2）现代酒器

现代酿酒技术和生活方式显著地影响了酒器的发展。进入20世纪后，由于酿酒工业迅速发展，逐渐淘汰了流传数千年的自酿自用的方式。现代酿酒工厂，白酒和黄酒的包装方式主要是瓶装和坛装。对于啤酒而言，有瓶装、桶装、听装等。在20世纪七八十年代以前，人们生活水平较低，广大农村地区及一部分城市地区主要销售坛装酒，购买的话一般要自备容器。但随着经济的发展，较短时期内瓶装酒就得以普及，所以百姓家庭以往常用的储酒器、盛酒器随之消失，但饮酒器具则是一成不变的。当然在一些特殊地区，自酿自用的方式仍被保留，但却不是社会的主流。

最近几十年中民间所饮用的酒类品种发生了较大变化，消耗量较高的仍是白酒，但酒类产量最大的品种却成了啤酒。而葡萄酒、白兰地、威士忌等消费量一般较小。这一时期酒类的消费特点决定了酒具有以下特点。

① 较为普及的是小型酒杯。饮用白酒主要用这种酒杯，酒杯制作材料主要是玻璃、瓷器等。近年也有用玉、不锈钢等作为材料。

② 中型酒杯。这种酒杯既可作为茶具，也可以作为酒具，如啤酒、葡萄酒的饮用器具，材质主要以透明的玻璃为主。

为了促进酒的销售，有的工厂将盛酒容器设计成酒杯，得到消费者的喜爱。酒喝完后，杯子还可以使用。由于生活水平的提高，罐装啤酒越来越普及，这也是典型的包装容器和饮用器相结合的例子。

3. 酒器的分类

在不同的历史时期，酒器的制作有所不同，形成了种类繁多的酒器样式。按酒器的材料可分为天然材料酒器（木、竹制品、兽角、海螺、葫芦）、陶制酒器、青铜制酒器、漆制酒器、瓷制酒器、玉器、水晶制酒器、金银酒器、锡制酒器、景泰蓝酒器、玻璃酒器、铝制罐、不锈钢饮酒器、袋装塑料软包装、纸包装容器、瓷制酒器等。

在中国历史上还有一些独特材料或独特造型的酒器，虽然不是很普及，但具有很高的欣赏价值。

（1）锡制温酒器：明清时期至中华人民共和国成立后，锡制温酒器广为使用。主要为温酒器而不是酒杯。

（2）夜光杯：唐代诗人王翰有一句名诗曰“葡萄美酒夜光杯”，夜光杯是以玉石为材料所制的酒杯，现代已仿制成功。

（3）倒流壶：在陕西省博物馆有一件北宋耀州窑出品的倒流瓷壶。壶高 19 厘米，腹径 14.3 厘米，它的壶盖是虚设的，不能打开。在壶底中央有一小孔，壶底向上，酒从小孔注入。小孔与中心隔水管相通，而中心隔水管上孔高于最高酒面，当正置酒壶时，下孔不漏酒。壶嘴下也是隔水管，入酒时酒可不溢出，设计颇为巧妙。

（4）鸳鸯转香壶：宋朝皇宫中所使用的壶。它能在一壶中倒出两种酒来。

（5）九龙公道杯：产于宋代，上面是一只杯，杯中有一条雕刻而成的昂首向上的龙，酒具上绘有八条龙，故称九龙杯。下面是一块圆盘和空心的底座，斟酒时，如适度，则滴酒不漏，如超过一定的限量，酒就会通过“龙身”的虹吸作用，将酒全部吸入底座，故称公道杯。

（6）渎山大玉海：专门用于储存酒的玉瓮，用整块杂色墨玉琢成，周长近 5 米，四周雕有出没于波涛之中的海龙、海兽，形象生动，气势磅礴，重达 3500 公斤，可储酒 30 石。据传这口大玉瓮是元世祖忽必烈在至元二年（1265 年）从外地运来，置在琼华岛上，用来盛酒，宴赏功臣，现于北京北海公园前团城存放。

4. 酒器的计量

中国的计量，可以追溯到 4000 多年前的氏族社会末期。直到公元前 221 年，秦王嬴政统一中国后，颁布统一度量衡的诏书，同时制发了成套的容器标准器，把度量衡单位制推行到全国，沿用了 2000 多年，形成了中国古代计量单位制独特的体系。

古代计量单位，常用于量酒：一角为四升。（《考工记·梓人》引《韩诗》云：“一升曰爵，二升曰觚，三升曰觯，四升曰角，五升曰散”）角是一种圆形的酒器，同时也是量器，是古代类似爵一样的饮酒器皿，无流无注，是低等贵族使用的饮酒器。《吕氏春秋·仲秋》提到“正钧石，齐升角”，意思是要校正量器和衡器。注说："石、升、角，皆量器也。"依次序排列，角在升之后，显然比升要小，在古书中记载，酒肆里用来从坛里舀酒的长柄酒提子就是角。

现代酒水计量单位则使用国际单位制，用毫升数表示酒具的容量。

二、酒标

1. 酒标的概念

酒标，即贴在酒瓶上的标签，相当于每瓶酒的身份证，列明该酒的酒龄、级数、出品酒庄、产地等。每个国家的制度和文字亦有不同[①]，酒标种类繁多，样式各异。

酒标是酒的标识，是为了便于识别、传递信息、促销产品而使用的。酒标是一种知识产权，属于无形资产，是酒厂走向现代、扩大商品对外贸易和国际交往不可缺少的标记。它的设计、印刷和使用，已成为衡量一个国家或地区酿酒业经营管理水平高低的标志。因此有人说，酒标就是酒的名片、酒的身份证。它和邮票、纸币、火花、烟标一样，同为世界五大平面收藏品。酒标的方寸之间，可折射出各国各地的政治、经济、历史、文化、风景名胜、民俗风情等，反映出时代的变迁。

2. 酒标的起源

在中国古代，酒馆为了使酒客容易识别，进而招揽生意，通常在酒馆前面悬挂一块鲜明的青布，上面书写大大的"酒"字，被称为酒旗或酒幌，这可以视作现代酒标的雏形。在现代商业社会，酒类生产企业通过注册属于自己的商标，使消费者能够有效识别其产品（将产品信息以酒标为载体加以体现）。[②]由此看来，酒标在古代和现代发挥着类似的作用。

现代意义的酒标出现在 17 世纪后。早期酒标功能单一，样式简单，多是寥寥几个文字，最多用些花体或变体的字母修饰，装饰各家族徽章。即使是现在，一个酒庄或酒厂的某款酒，除了变化的年份数字，其酒标图案多是不变的。

3. 酒标的内容

我们以葡萄酒的酒标为例进行说明。

解读一瓶葡萄酒的标签，就等于未尝其风味前，便已对其背景有了基本认识。

---

① Yolanda. 酒标暗语——你爱看说明书么？[J]. 健康大视野，2010(8)：112-113.

② 唐文龙. 谈酒标的营销功能[J]. 中国酿造，2008(3)：102-104.

酒标所标示的内容不尽相同，但基本上有产地、葡萄品种、年份、装瓶地、分级等要项。有关产地的标示，品质越好的越精确，有些国家的酒标上甚至会详细标示出葡萄园、村庄、区域，以保证葡萄酒的品质。有时葡萄品种与产地名称会同时出现在标签上，葡萄酒的好坏也可由葡萄品种来推断。

另外，葡萄酒的年份也相当重要，它不仅代表了一瓶葡萄酒的酒龄，也是品质好坏的依据。因为年份所指的是葡萄的收获年，不同年份的葡萄成熟度会有差异，而且年份收获的好坏也会影响葡萄酒的寿命。装瓶则分为产地装瓶与酒商装瓶，品质较好、有保证的葡萄酒一般在产地装瓶，因为酒农对自己的佳酿会特别用心地照顾与呵护。不过这并不代表酒商装瓶的产品较差，只要酒商有信誉，也会有好的产品。

除了上述的基本认知外，酒标上通常还会有酒精含量、甜度、检定号码，及酒章、商标、优良商品凭证等信息。

4. 酒标的价值

（1）历史价值

文物价值永远是历史价值第一，酒标同样如此。

中国酒标是什么时候出现的？当时的酒标是什么样子？要解答这些问题，得先从酒旗说起。酒旗，又称酒望、酒帘、青旗。《韩非子》记载："宋人有沽酒者……悬帜甚高。""帜"就是酒旗，可见早在2000多年前，我国人民就已经利用酒旗这种形式来宣传酒类产品了。唐代以后，酒旗逐渐发展为一种普通市招，而且五花八门。可以说酒标的前身是这酒旗。随着社会生产的发展，酒厂的建立，酒品的成批生产，酒的流通和贸易，酒标应运而生。酒标是我国酿酒工业发展历史的真实写照，研究酒标对研究中国酒的历史、文化和酿酒企业的产生、发展、分化、组合及编写地方志都有重要的参考价值。

我国的酿酒史虽然有几千年，但关于酒品商标的资料却很少，茅台酒的酒标大概是我国最早的酒标。当时的土纸木刻印刷的茅台酒标，形状上窄下宽，类似花瓣的椭圆形，纸上横书印着"贵州省"，立书印着"茅台酒"六个字，格外古朴。

我国第一家啤酒厂是俄国人1900年在哈尔滨建立的，其使用的酒标应是我国最早的啤酒标。怡和洋行是清末时期在我国开设的规模最大的洋行，20 世纪 30 年代，该行在上海经营啤酒业，于是有了"怡和牌"啤酒标。这些历史酒标是酒标中难得一见的珍品，从一个侧面反映了我国民族工业的发展。

（2）文化艺术价值

酒标是酒的名片，也是一种纸质艺术品。它以优美的设计、各异的图案和不同的色彩，表达了不同的内容和主题，涵盖了丰富的文化艺术信息。它在不同地区、不同时代以不同的内容和形式，将人们不同的思想、审美情趣和情感态度表达和传递出来。

中国酒标反映了中华民族五千年的历史，包括三皇五帝、文化名人、历史事件、传统故事等。如轩辕特曲酒标，画面上有轩辕黄帝的石刻立像，侧旁印有“人文初祖”四字。以黄色为主基调，套以红色、黑色，显得庄严肃穆。李白是家喻户晓的酒仙，有“李白斗酒诗百篇”的美称。以“太白”“诗仙”等命名的酒品很多，酒标有数十种，表现李白好酒。如“真善美”酒标，图案是李白坐在地上喝酒，双手捧着爵形古杯，身旁的酒坛倒了，美酒流了一地而浑然不知，呈现出一位酒仙的纯真世界。酒标也是书画家大显身手的地方，楷、草、隶、篆，各种书体风采各异，给酒标增辉。酒标图案，展示着祖国的风景名胜、秀丽山川。从天安门到万里长城，从南岳衡山到西岳华山，从北国冰川到南国椰林，从黄土高坡到长江三峡，从山西的杏花村到贵州的赤水河……无不显示着独特风采和民族风情。

（3）欣赏娱乐价值

集藏酒标和集藏其他藏品一样，是一种高雅的文化娱乐活动。收藏和欣赏酒标，能增长知识，陶冶情操，修身养性，美化生活。国外有啤酒标收藏俱乐部，人数很多。中国杭州有“之江啤园”收藏组织；沈阳有“中国酒迷俱乐部”，内设“酒标分会”。

（4）经济价值

酒标和其他藏品一样，具有经济价值。酒标的经济价值主要取决于制作年代、数量、设计的精美程度，人们希望拥有的心理、品相等因素。普通酒标每枚一元到数元、数十元，而历史标、珍品标则可达千元以上。

第三节　饮酒的风俗

一、古代饮酒风俗

在我国古代，酒被视为神圣的物质，酒的使用更是庄严之事，非祭祀天地、祭宗庙、奉嘉宾而不用。农事节庆、婚丧嫁娶、生期满日、庆功祭奠、奉迎宾客等风俗活动中，酒都是中心物质。农事节庆时的祭拜庆典无酒，缅怀先祖、追求丰收富裕的情感无以寄托；婚嫁时无酒，白头偕老、忠贞不渝的爱情无以明誓；丧葬时无酒，后人忠孝之心无以倾诉；生宴时无酒，人生礼趣无以显示；饯行洗尘无酒，壮士一去不复返的悲壮情怀无以倾诉。总之，无酒不成礼，无酒不成俗，离开了酒，古代的风俗活动便无所依托。

二、现代饮酒风俗

中国人一年中的几个重大节日，都有相应的饮酒活动。如端午节饮菖蒲酒，重阳节饮菊花酒，除夕夜饮年酒。

喜酒，往往是婚礼的代名词。置办喜酒即办婚事；去喝喜酒就是去参加婚礼。

“满月酒”或“百日酒”：中华各民族普遍的风俗之一，孩子满月时，摆上几桌酒席，邀请亲朋好友共贺，亲朋好友一般都要带礼物，也有的送上红包。

“寿酒”：中国人有给老人祝寿的习俗，一般 50、60、70 岁等生日，称为大寿，由儿女或者孙子、孙女出面举办酒宴，邀请亲朋好友参加。

“上梁酒”和“进屋酒”。在中国农村，盖房是件大事，盖房过程中，最重要的一道工序是上梁，故在上梁这天，要办上梁酒，有的地方还流行用酒浇梁的习俗。房子造好，举家迁入新居时，又要办进屋酒，一是庆贺新屋落成，并致乔迁之喜，二是祭祀神仙祖宗，以求保佑。

“开业酒”和“分红酒”，是店铺作坊置办的喜庆酒。店铺开张、作坊开工之时，老板要置办酒席，以志喜庆贺；店铺或作坊年终按股份分配红利时，要办“分红酒”。

“壮行酒”，也叫“送行酒”，有朋友远行，为其举办酒宴，表达惜别之情。

第四节　饮酒的礼仪

一、古代饮酒礼仪

饮酒作为一项饮食活动，大家必须遵守的礼节在远古时代就已经形成。有时这种饮酒过量，不能自制，则容易生乱，因此制定饮酒礼节很重要。我国古代文人雅士饮酒很讲究饮人、饮地、饮候、饮趣、饮禁、饮阑。

饮人，指相饮者应当是风度高雅、性情豪爽、直率的知己故交。所谓酒逢知己千杯少，“狂来轻世界，醉里得真知”。饮地指饮酒场所，以花下、竹林、高阁、画舫、幽馆、平畴、名山、荷亭等地为佳。饮候，指选择与饮地相和谐的清秋、新绿雨、雨霁、积雪、新月、晚凉等最富诗情画意之时饮酒。饮趣，指以联吟、清谈、焚香、传花、度曲、围炉等烘托氛围，提高兴致。饮禁包括苦劝、恶谑、喷秽等，避免饮酒发生不愉快的事情。饮阑，指酒之将尽，可以相依赋诗，或相邀散步，或欹枕养神，或登高，或垂钓。郑板桥有联曰："酌量饮酒，放胆吟诗。"

明代的袁宏道看到酒徒在饮酒时不遵守酒礼，深感长辈是有责任的，于是从古代的书籍中采集了大量的资料，专门写了一篇《觞政》。这虽然是为饮酒行令者写的，但对于一般的饮酒者也有一定的意义。我国古代饮酒有以下一些礼节。

主人和宾客一起饮酒时，要相互跪拜。晚辈在长辈面前饮酒，叫侍饮，通常要先行跪拜礼，然后坐入次席。长辈命晚辈饮酒，晚辈才可举杯；长辈酒杯中的酒尚未饮完，晚辈也不能先饮尽。

古代饮酒的礼仪约有四步：拜、祭、啐、卒爵（干杯之意《周礼・春官・郁人》)。就是先做出拜的动作，表示敬意，接着把酒倒出一点在地上，祭谢大地生养之德，然后尝尝酒味，并加以赞扬令主人高兴，最后仰杯而尽。

在酒宴上，主人要向客人敬酒（叫酬），客人要回敬主人（叫酢），敬酒时还要说敬酒词。客人之间相互也可敬酒（叫旅酬），有时还要依次向人敬酒（叫行酒）。敬酒时，敬酒的人和被敬酒的人都要"避席"，起立。普通敬酒以三杯为度。

二、现代饮酒礼仪

1. 饮酒的礼仪

中国的酒文化雄厚博大，饮酒的意义远不止生理消费、口腹之乐。现代人在交际过程中，酒的作用越来越多。在许多场合，它都是作为一个文化符号和一种文化消费，用来表示一种礼仪、一种气氛、一种情趣、一种心境。在迎宾送客、聚朋会友、彼此沟通、传递友情中发挥了独到的作用。

酒桌座次不可随便就坐，需分清出门应酬酒席的座位，主与次都有严格的要求。其中有三个座位是最主要的，上席中间座位是东道主坐的，即酒席的邀请人或埋单者，右手是贵宾座，即最尊贵的客人，左方次之。两边与对方均是陪客与次等客人。在此需要注意的是，就坐需要同其他客人一起步入，不能单独入席。

工作前不得喝酒，以免与人谈话时酒气熏人。休息时喝酒要有节制，以免上班时带有倦容酒态。

出席交际酒会时，与会者如果竞相赌酒、强喝酒，喝酒如拼命，劝酒如打架，会把文明礼貌的交际变成粗俗无礼的行为，这是要不得的。席间干杯或共同敬酒一般以一次为宜，不要重复敬酒。勉强别人，不但达不到传递敬意的目的，而且会使对方感到为难不悦。碰杯和喝多少亦应随各人之意，那种以喝酒多少论诚意的做法是不通情理的。

公共场合不宜划拳，家庭私人酒会一般也不宜划拳，如特殊需要应注意不要干扰邻居，不违主人意愿、聊以助兴即可，但不要作为强行灌酒的手段。醉酒呕吐是十分失礼的，既伤身体，又当众出丑，遗怨他人。

忌酒后无德，言行失控。酒能麻醉人的神经，使人思维紊乱，一部分神经亢奋，言语行为容易失控。如果借酒发疯、胡言乱语，会使人追悔莫及。

2. 斟酒的礼仪

通常，酒水应当在饮用前再斟入酒杯。有时，主人为了表示对来宾的敬重、友好，还会亲自为其斟酒。在侍者斟酒时，勿忘道谢，但不必拿起酒杯。可是在主人亲自来斟酒时，则必须端起酒杯致谢，必要时，还须起身站立，或欠身点头为礼。有时，亦可向其回敬以“叩指礼”。即右手拇指、食指、中指捏在一起，指尖向下，轻叩几下桌面。中餐宴会上经常用这种方法，它表示的是在向对方致敬。

主人为来宾所斟的酒，应是本次宴会上最好的酒，并应当场启封。斟酒时要注意三点：其一，要面面俱到，一视同仁，而切勿有挑有拣，只为个别人斟酒。其二，要注意顺序。可以依顺时针方向，从自己所坐之处开始，也可以先为尊长、嘉宾斟酒。其三，斟酒需要适量。白酒与啤酒均可以斟满，而其他洋酒则无此讲究，要是斟得过满乱流，显然不合适，而且浪费。除主人与侍者外，其他宾客一般不宜自行为他人斟酒。

3. 敬酒的礼仪

敬酒，亦称祝酒。它具体所指的是，在正式宴会上，由主人向来宾提议，为了某种事由而饮酒。在敬酒时，通常要讲一些祝愿、祝福之言。在正式的宴会上，主人与主宾还会郑重其事地发表一篇专门的祝酒词。因此，敬酒往往是酒宴必不可少的一道程序。

敬酒，可以随时在饮酒的过程中进行。频频举杯祝酒，会使现场氛围热烈而欢快。不过，若是致正式的祝酒词的话，则应在特定的时间进行，并以不影响来宾用餐为首要考虑。

第十章

国外酒水文化

第一节　酒的起源及发展

由于生活环境、历史背景、传统习俗、价值观念、思维模式和社会规范的不同，东西方（甚至国与国之间）的酒文化呈现出风格迥异、丰富多彩的民族特性。中国酒文化（以汉民族为主）和西方酒文化（以英语民族为主）的传统思想、表现形态及价值含义等均有不同。

一、酒的起源

人们把美索不达米亚平原当作世界酿酒技术和酒文化的重要发源地之一。底格里斯河和幼发拉底河冲积而形成美索不达米亚平原，其早期居民为苏美尔人。

1. 谷酒之父——啤酒

啤酒又称麦酒、液体面包，是历史最悠久、人类最古老的酒精饮料之一，是继水和茶之后世界上消耗量排名第三的饮料。[①]早在公元前 7000 多年，苏美尔人的酿酒技术就已经比较成熟，原始的啤酒是他们用大麦、小麦、黑麦等酿制而成的。公元前 3000 年以后，古埃及人便从苏美尔人那里学会了酿造啤酒的技术，并开始盛行饮用啤酒，当时古埃及人称啤酒为“海克”“热喜姆”。2000 多年前，古罗马恺撒大帝率兵进入埃及亚历山大城后，啤酒酿制技术由军中的日耳曼人和罗马人带入欧洲。在以后漫长的岁月中，日耳曼人在欧洲大陆纵横驰骋并和欧洲各地土著居民融合，酿酒技术和酒文化日益发展。

2. 果酒之父——葡萄酒

葡萄是人类最早种植的植物之一。大约公元前 8000 年新石器时代的野生葡萄种子在土耳其、叙利亚、黎巴嫩的考古挖掘中被人们发现，而同时代的葡萄压榨

---

① 啤酒和酒杯的讲究[J]. 金色年华，2016(13)：48-49.

器在叙利亚的大马士革被发现。这些情况表明，公元前 8000 年该地区已经开始酿制葡萄酒。葡萄酒文明对西方历史、宗教、文化、艺术的发展产生了深远的影响。从其起源到发展，它始终活跃于欧亚大陆的交界地区，并奠定了葡萄酒文明在西方酒文化中的核心地位。

3. 酒神的传说

（1）众神之王宙斯与底比斯公主塞墨勒的儿子是西方公认的酒神，他是西方神话中一位命运坎坷的神祇。在酒神尚未出生时，因遭天后挑拨，塞墨勒公主被宙斯用雷电触击致死，幸好宙斯将仍活着的胎儿从塞墨勒腹中取出，缝进了自己的髀肉中抚养，并生下了他。在古希腊神话中，酒神名为狄俄尼索斯（Dionysus），其形象为一位容貌英俊美丽又娇弱的男青年。而在某些戏剧绘画等艺术作品中，人们把酒神刻画成放纵恣意的形象，他戴着常青藤的花冠，手持松果形的图尔索斯杖，坎撒洛斯双柄酒杯和葡萄是酒神最典型的形象特征。西方人笃信是狄俄尼索斯发明并向人们传授了栽种葡萄的技术，又酿成了葡萄美酒，因而对酒神十分崇拜。酒神祭典在西方的许多地区和国家盛行，酒神象征着西方文化中自然柔美、狂放的特质，堪称西方文艺精神之典范。在雅典酒神祭典期间，人们会在卫城南边的酒神剧院举行盛大的祭祀典礼和戏剧比赛。酒神祭典开创了西方诗歌、戏剧、绘画等艺术形式的先河。

（2）古埃及人则推崇奥西里斯（Osiris）为酒神，因为酒可以用来祭祀先人，超度亡灵，而奥西里斯是死者的庇护神。约公元前 2500 年，葡萄酒在古埃及具有了宗教和政治的象征意义。

（3）基督徒相信酿酒可以追溯到大洪水时代。他们认为诺亚（Noah）是酿酒的始祖，在《创世纪》第九章中提及了诺亚登基后，开垦了一片葡萄园，后来大获丰收，诺亚兴奋不已，并亲自酿制成葡萄酒。

二、酒的发展

人类对酒的认识经历了漫长的岁月。劳动技术的进步、粮食作物的剩余、人口种族的定居等因素，在人类社会由原始的食物采集时期过渡到农耕时代之后，促成了人类酿酒时代的到来，从原先的仅限于对有关酒的生活观察和体验逐步发展到有意识的人工酿酒。同样，酒的发展在中西方也截然不同。在西方，最早的酒莫过于葡萄酒了。古罗马人喜欢葡萄酒，有历史学家认为古罗马人由于饮酒过度而使人种退化进而导致古罗马帝国的衰亡。古罗马的酒神是巴克斯（Bacchus），古罗马帝国的军队征服欧洲大陆的同时也推广了葡萄种植和葡萄酒酿造技术。1世纪，古罗马帝国征服高卢（今法国），法国葡萄酒就此起源，在法国南部罗纳河谷进行了最初的葡萄种植，2 世纪时到达波尔多地区。葡萄酒在中世纪的发展得益于基督教会。《圣经》中有 521 次提及耶稣在最后的晚餐上说“面包是我的肉，葡萄酒是我的血”。葡萄酒被基督教视为圣血，教会人员把葡萄种植和葡萄酒酿造作为圣职。修道士的精心栽培及从罗马迁居于阿维农的教皇的喜好成就了法国勃艮第产区的葡萄酒。葡萄酒随传教士的足迹传播至全世界。西方葡萄酒在 17 世纪进入中国也是传教士所为。葡萄种植和葡萄酒酿造技术在 15—16 世纪传入南非、澳大利亚、新西兰、日本、朝鲜和美洲等地。19 世纪 60 年代是美国葡萄种植和葡萄酒生产的大发展时期。

第二节　配酒器与酒标

一、酒器

西方酒器多是透明的玻璃制品，能观察出酒的档次高低。西方酒器轻巧方便，现为大多数国家所接受。对于不同的酒，西方人所用的器具也不一样。由于酒的种类很多，风格各异，而且人们习惯上对不同酒精度和甜度的酒品的饮用有不同的酒具需求，因此，为了表现酒品的不同特色，酒杯必须适应酒品的风格。下面介绍一些典型的酒杯。

1. 古典杯（old- fashioned class）

古典杯又称为老式杯，也常称作洛克杯（rocks）。洛克杯杯身宽而短、杯口大、杯壁厚，适宜盛装加冰块的烈性酒和古典鸡尾酒。老式杯的容量常为 5~8 盎司。老式杯是根据它盛装的鸡尾酒名称“old fashioned”意译而成的。而洛克杯的名称来自英文“rock”的音译。英文“rocks”的含义是不加水只加冰块的烈性酒饮品。双倍容量的老式杯的容量可达 390 毫升。

2. 海波杯（highball glass）

海波杯又称高身杯、直筒形平底杯，目前，已经出现了带脚的海波杯。海波杯是以盛装的酒名而命名的酒杯，海波是英文“high ball”的音译。海波杯还常常被人们称作高球杯、高杯，这是因为英文“high ball”翻译成汉语是高球。海波杯的容量常为 6~10 盎司，而且它有多种用途，不仅盛装海波这种鸡尾酒，还常常盛装其他混合酒品、饮料等。

3. 柯林斯杯

柯林斯杯是盛装名为柯林斯的鸡尾酒的平底杯，它也常常被称作高杯、考林斯杯。由于柯林斯的杯身形状常常高而窄，因此也称为高杯。柯林斯的容量常为10~12盎司，用于盛装各种烈酒加软饮料制成的混合饮料、各种汽水、矿泉水和特定的长饮类鸡尾酒。

4. 坦布勒杯

坦布勒杯专门用于饮用长饮和软饮料，容量为8~10盎司。

5. 香槟杯

香槟酒杯主要用来盛装香槟酒或以香槟酒为主要原料配制的鸡尾酒。它有浅碟形、郁金香形和笛形二种形状。较常用的容量为4~10盎司。

（1）浅碟形香槟杯。用于饮用香槟和部分鸡尾酒，又被称为阔口香槟杯，是杯口大、杯身浅的高脚杯，容量为4.5盎司。

（2）郁金香形香槟杯，适合于饮用香槟酒和部分鸡尾酒，又称新型香槟杯，是细身高背的玻璃杯，杯口部分狭小，气体不易逸出，容量为4.5盎司。

（3）笛形香槟杯，用于盛装香槟酒和部分鸡尾酒，容量为5~10盎司。

6. 白兰地杯

白兰地杯是专供饮用白兰地酒的高脚杯，有杯口小、腹大的特点，这样有利于集中白兰地酒的香气，使饮酒人更好地欣赏酒的特色。不同的白兰地杯有不同的容量，容量为6盎司的白兰地杯是较常用的。由于科涅克这个著名的白兰地产地已成为优秀白兰地酒的代名词，所以，科涅克杯即是白兰地杯。英文“snifter”是“嗅杯”的意思，这是因为人们在饮用白兰地酒前，常常用鼻子嗅一嗅它的香气，因此，嗅杯就是白兰地杯。

7. 雪莉杯

雪莉酒是增加了酒精度的葡萄酒，因此雪莉酒杯的杯身为圆锥形，是容量较小的高脚杯。较常用的容量为2~2.5盎司。

8. 波特杯

波特酒和雪莉酒一样是增加了酒精度的葡萄酒，波特酒杯又称钵酒杯，也是容量较小的高脚杯，其形状像缩小了的红葡萄酒杯。较常用的容量为 2~3 盎司。

9. 利口杯

利口杯也称为甜酒杯和考地亚杯(cordial),利口杯根据英文 liqueur 音译而成，考地亚杯则是根据英文 cordial 音译而成。英文中 liqueur 与 cordial 是同义词，都表示利口酒、香甜酒或餐后酒。这种酒杯是小型的高脚杯，容量常为 1~2 盎司。

10. 酸酒杯

酸酒杯用于盛装酸类鸡尾酒和部分短饮鸡尾酒，容量为 4 盎司左右。

11. 吉格杯

吉格杯又称净饮杯或威士忌杯，用于各种烈性酒如威士忌等酒的净饮，这种酒杯杯身呈直筒形，多为玻璃制品，容量为 1 盎司或 1.5 盎司。

12. 啤酒杯

啤酒杯是盛装啤酒的杯子，主要有两种类型，平底杯和带脚的杯子。此外，还有带柄和不带柄的杯子。常用的啤酒杯容量为 8~15 盎司。目前，啤酒杯的造型和名称越来越多。例如，比尔森式啤酒杯（bilson），用于啤酒的饮用，容量为 6~10 盎司；扎啤杯（mug），用于饮用生啤酒，容量为 12~18 盎司。

此外，还有高型啤酒杯（tall beer）、大型啤酒杯（giant beer）、带脚的啤酒杯（footed ale）等。

13. 葡萄酒杯

（1）白葡萄酒杯

白葡萄酒杯是高脚杯，主要盛装白葡萄酒和以白葡萄酒为主要原料制成的鸡尾酒，杯身较细且长，较常用的容量为 4~6 盎司。

（2）红葡萄酒杯

红葡萄酒杯也是高脚杯，主要盛装红葡萄酒和以红葡萄酒为主要原料配制的鸡尾酒，它的杯身比白葡萄酒杯宽而短，较常用的容量为 4~6 盎司。

14. 玛格丽特杯

玛格丽特杯用于盛装玛格丽特鸡尾酒或其他长饮类鸡尾酒，其容量为 7~9 盎司。

二、酒标

酒标是记载这瓶酒产地、成分、生产日期、陈酿年份等重要信息的酒类商标，是酒的标志、标识，如同酒的身份证一样，也有人称酒标为瓶签、酒签、标签的。[①]西方的酒标中，香槟或者葡萄酒酒标包含的信息比较多，也比较明显。

1. 香槟酒标

以享有盛名的香槟——BOLLINGER 特酿为例。这个标签足够让我们了解香槟酒标信息组成部分，如图 10-1 所示。

（1）在品牌名的上面会标 CHAMPAGNE 字样。

图 10-1　香槟酒标

（2）品牌名字 BOLLINGER 标在正中间。其他有名的牌子有 LaurentPerrier、Moet &Chandon、Mumm、Dom P é rignon、Dom Ruinart 等。

（3）指明香槟里面的糖分含量的配量额标在角落。糖分由低到高依次为：Brut-Nature（自然干）、Extra-Brut（绝干）、Brut（天然干）、Extra-Sec（极干）、Sec（干）、Demi-sec（半干）、Doux（甜）。这个糖分指数并不代表什么，最重要

① 韦清. 酒文化及酒标欣赏[J]. 上海包装，1998(4)：19-22.

的是香槟整体的和谐度。

（4）SPECIAL CUVEE 指的是香槟的掺兑情况。掺兑信息指明了运用的葡萄品种。香槟酒庄有自己的掺兑标识。如果标签上显示“白中之白”（Blanc de blanc），那么运用的是单一的霞多葡萄酒，如果标签是“黑中之白”（Blanc de noirs），那么运用的是黑品诺或者明尼尔。如果使用的葡萄来自同一个年份，那么标签上要显示“好年份”（Millésimé）。

（5）这里是香槟品牌商（酒庄名字）——BOLLINGER，指香槟生产的国家和城市。

（6）瓶中香槟的容量。

（7）酒精含量。

（8）香槟业内委员会编号。如果看到 NM（操作批发商）字眼，要持谨慎态度，因为 NM 指香槟品牌商买葡萄后自己酿制香槟。其他编号是 CM、RC、RM、MA、ND。ND（批发经销商）意味着酒商买香槟酒（瓶）然后贴上自己的标签，是其中档次较低的编号。

（9）品牌商标以及其他表明地理位置的信息。在这里算是一个荣誉性的注语，Bollinger 香槟是英国皇家的供酒商。从市场营销的角度而言，香槟瓶上的标签不会像葡萄酒瓶一样展示酒庄的地理风景，因此它是朴实无华的。

2. 葡萄酒酒标

每瓶葡萄酒都会有一到两个标签。贴在葡萄酒正面的称为正标。出口到其他国家的葡萄酒，特别是我国进口的葡萄酒还会在酒瓶后有一个标签，主要介绍该葡萄酒及酒庄的背景，这就是背标。背标按照我国进口规定需要标注一些必要的中文信息，包括葡萄酒名称、进口或代理商、保质期、酒精含量、糖分含量等。许多关键和主要的信息来自正标，葡萄酒的背标通常是补充信息。平时说的葡萄酒标签也指的是正标。

关于酒标的标注和设计，各个葡萄酒生产国都会有具体而严格的要求。酒标设计出来的样式千姿百态，但是表达信息的风格可归纳为两个体系：一个是以法国、意大利为代表的旧世界，一个是以美国、澳洲为代表的新世界。

原产地的内涵范畴，以及一些词汇的概念意义是新旧世界葡萄酒标签风格的最大区别。相比而言，新世界酒标信息表达更直接简洁，旧世界更含蓄复杂。就葡萄品种和葡萄酒产地而言，新世界葡萄酒的产地和葡萄品种没有必然的关系；而旧世界的酒标，原产地的约定就是对葡萄品种的界定。因此，新世界葡萄酒的酒标在标出葡萄酒原产地或葡萄园后，多会标注出葡萄品种。而旧世界酒标一般能找到的仅是原产地，包括法国的AOC、意大利的DOC、西班牙的DO，除了法国的阿尔萨斯和德国部分葡萄酒，基本不再标葡萄品种。

在一些词汇的使用上，旧世界多有严格的法律约定，新世界会更宽松和随意些。如在西班牙葡萄酒酒标上，“Reserve”（珍藏）一词有明确的陈年时间要求，这是高品质的保证，而如果出现在美国或是澳洲葡萄酒酒标上，多是酒厂个体行为，不一定就是高品质的保证。

所有的酒标都会根据当地或本国的法规标注一些包括酒庄、年份、生产国、容量、装瓶等的基本信息。相较于带着厚重历史传承和文化积淀的旧世界酒标，越来越多的现代消费者，特别是刚接触葡萄酒的人更倾向于新世界风格酒标。下面来解读一下酒标上主要信息的含义。

（1）酒庄或酒厂：在法国为代表的旧世界，常见以Chateau或Domaine开头。在新世界，多指葡萄酒厂或公司，或是注册商标。

（2）原产地，即葡萄酒的产区。多数旧世界有严格法律规定和制度，如法国以AOC、意大利以DOC形式标明。新世界一般直接标明产地、子产地，有些还标出产的葡萄园，如加州产地（California）、芳德酒园（Founder's Estate）等字样。

（3）年份：这里年份指葡萄收获的年份。

（4）葡萄品种：指葡萄酒酿制所用的葡萄品种。新世界葡萄酒酒标上多标有品种；葡萄品种在旧世界原产地制度里被隐含定义在产地信息里，除了法国阿尔萨斯和德国外，酒标上基本不标品种。

（5）装瓶信息：一般有酒厂、酒庄、批发商装瓶等，注明葡萄酒在哪或由谁装瓶。

（6）其他信息：包括酒精度、容量、生产国家等，要根据各国法律要求标注的其他基本信息。

（7）成熟度：共有6个级别，即卡比纳（Kabinett）、晚收（Spotless）、精选（Auslese）、颗粒贵腐精选（Beerenauslese，BA）、冰酒干果颗粒贵腐精选（Trockenbeerenauslesen，TBA）和冰酒（Eiswein），除冰酒外，前5个级别成熟度依次升高。在德国QMP级别葡萄酒酒标上，会有这个信息。

第三节　酒 吧 文 化

酒吧对于西方人来说，不亚于中国人对饭店茶馆的感情，它是现代人在繁忙的工作后休闲放松的主要场所。随着各类酒吧遍及世界各地，酒吧如今已不再是一个简简单单喝酒的地方，与此同时，各类饮酒文化也在酒吧兴起，形成独特的酒吧文化。

一、酒吧的来历

酒吧是酒馆的代名词，英文名叫 bar，原本是指专门卖酒的柜台，它的本义是指一个由木材、金属或其他材料制成的长度超过宽度的台子。但是，bar 这个词本身的含义随着时代的发展、历史的演变逐渐超出了“卖酒的柜台”这个狭义的范围，扩展为一个场所、一个空间或者是一幢房子。从此，都市的大街小巷中的迪吧、网吧、聊吧、茶吧、水吧等场所应运而生。而酒吧也渐渐与普通酒馆相区别，并形成了风格不同的酒吧文化。

美国西部大开发时期出现了酒吧这种文化形式。最初，在美国西部地区，骑马前去淘金的牛仔和强盗闲暇的时候喜欢三三两两地聚集在小酒馆里喝酒聊天。酒吧老板别出心裁地在酒馆门前设了一根横木用来拴马，以此招揽更多生意。随着汽车业的不断发展，骑马的人逐渐减少，因此，这些失去了本身实用价值的拴马的横木，大多数都被拆除了。但是有一位老板不舍得扔掉，他认为这根横木已成为酒馆的象征，于是便把它拆下来放在酒馆柜台的下面。令人意想不到的是，这根看似不起眼的木头成了顾客买酒时垫脚的好东西，深受顾客喜爱。其他酒馆的老板听说此事后，也纷纷效仿起来，由于横木在英语里面念 bar，所以为了迎合这种潮流，酒馆干脆就被人们翻译成了酒吧，就像糕饼 pie 被译成派一样。“酒吧”这个词的流行，把酒吧变成了一种时尚的商业消费空间，也使其成为现代都市生活中一道亮丽和独特的文化风景线。

事实上，长期以来作为一种大众的、平民式的公共消费娱乐场所，之前的酒馆只是用来满足人们对酒水的渴望，内部仅有桌椅等必备设施，设计比较简陋，无法提供其他的娱乐性服务。但是随着产业商业化的快速发展，人们对消费服务意识逐渐提高，单纯的酒水服务已经无法满足人们的需求。现在的酒吧为了更好地满足顾客的需要，都围绕着吧台设计出独有的吧台凳，这样不仅可以方便顾客点酒，也使吧台成了饮酒玩乐的公共空间。人们逐渐认可了这种新事物和潮流，酒馆也就随即被酒吧取代，成为现代化酒馆的新名字。在现代人们的眼中，酒吧是休闲娱乐、释放心情的最佳场所。现在的酒吧主要分为专门类的酒吧和娱乐类的酒吧：专门类的酒吧是向顾客提供各种酒类的场所；而娱乐类酒吧不仅提供酒类服务，还为那些不善饮酒的客人提供饮料服务以及休闲娱乐活动。

二、酒吧与咖啡馆

酒吧是指由卡座、高台、散台和壁墙等几部分组成的提供啤酒、葡萄酒、洋酒、鸡尾酒等酒精类饮料的消费场所。卡座一般分布在大厅的两侧，成半包围结构，里面设有沙发和台几。主要是给人数较多的客人群准备的，有最低消费。吧台是调酒师调酒的地方，高台主要是给单身的客人提供酒水服务的地方，分布在吧台的前面或者是四周，散台一般比较适合 2~5 人的客人群，分布在大厅比较偏僻的角落或者舞池的周围。这里的壁墙大多由 BSV 液晶拼接屏、液晶电视、壁画组成，可以给客人提供视觉享受。

酒吧的类型和风格多样，pub 和 tavern 多指英式的以酒为主的酒吧，而 bar 多指娱乐休闲类的饮酒场所，这种酒吧可以提供现场的乐队或歌手、舞女表演。高级的 bar 还有专业调酒师表演精彩的花式调酒节目。另外，饭店大堂和歌舞厅等场所还有以经营饮料为主的酒廊吧，也提供一些美食小吃，但是设施和装饰比较普通，没有突出的特点。

专门设置在餐厅中的酒吧叫作服务酒吧，这里的服务对象以用餐的客人为主。外卖酒吧则属于小型宴会酒吧的范畴，是根据客人的要求在某一客流量比较大的地点临时设置的酒吧。

如今，咖啡馆在我们的生活中扮演着越来越重要的角色，去咖啡馆已成为很多人的一种生活方式。法国著名文学家巴尔扎克曾说："我不在家，就在咖啡馆，不在咖啡馆，就在去咖啡馆的路上。"[①]世界上最早的咖啡馆建立于麦加，名为"Kaveh Kanes"。最初只是出于一种宗教目的建造的，由于前来娱乐消费的人越来越多，这里很快就变成了下棋、闲聊、唱歌、跳舞和欣赏音乐的中心。第一家咖啡馆在麦加建立后，欧洲各国的咖啡馆也随之成立起来。欧洲的第一家咖啡馆在 1650 年建立于英国的牛津大学，咖啡馆很快便成了有志之士进行"思想交流的公开地"，随之在伦敦风起云涌。此时它的性质有点类似于今天的论坛 BBS，可以说，在现代印刷业迅速发展之前，咖啡馆类似于媒体沙龙，在一定程度上还担负着媒介的作用。1691 年在波士顿开业的伦教咖啡馆是美国的第一家咖啡馆，著名的星巴克咖啡就是美国咖啡馆中的一个奇迹。然而咖啡馆的发展并不是一帆风顺

---

① Sean Paganini，贾宇帆. 咖啡馆的前世今生[J]. 新东方英语（中学版），2017(12)：69-71.

的，它的辉煌背后也经历了一些磨难。例如，1675 年英王查理二世颁布了咖啡馆禁止令，这项禁令的起源有二：一是当时不准进入咖啡馆的女人向社会发表了抱怨经常出入咖啡馆的英国男人现已威仪尽丧的陈情书；二是咖啡馆成了民众批评时政的地方，对政府有一定的威慑作用。

总的来说，虽然酒吧和咖啡馆自诞生以来就担负着社交的功能，但是相比之下，酒吧比咖啡馆更具有随意性，更能打开人的心扉。

三、酒吧与沙龙

酒吧与沙龙有以下几点不同。

（1）酒吧与沙龙场所不同。“酒吧”一词源自小酒馆和卖酒的柜台，而“沙龙”一词则起源于文艺复兴时期的意大利，兴盛于 17—18 世纪的法国巴黎。[①]原本是意大利和法国上流社会有名画和艺术品装点的豪华会客厅。“沙龙”一词到了 17 世纪又扩展成为各种上流社会画廊的名称。

（2）酒吧和沙龙阶级层次不同。酒吧出现在平民阶层，出入酒吧的顾客通常三教九流，以平民百姓居多，而沙龙通常出现在上流社会。17 世纪以后，一些著名戏剧家、小说家、诗人、音乐家、画家、评论家、哲学家和政治家等常常在画廊等场所一边品尝着各式各样的饮料，一边欣赏名画，大家谈论各种话题，使得各类社会信息和舆论相互传播，大家无拘无束地交流心得，从中吸取智慧，这类交流平台就称为“沙龙”。而当时巴黎的名人（多半是名媛贵妇）家里豪华的大客厅常被作为沙龙。后来，这类形式的聚会被人们统称为“沙龙”，这种形式很快就风靡于欧美各国的上层社会。德·朗布依埃侯爵夫人是世界上第一个举办文学沙龙的人，聚集了当时法国几乎所有的上层名人和学者。

（3）酒吧和沙龙的消闲内容不同。人们在酒吧主要以喝酒放松为主，与朋友一起随意畅谈玩乐，以缓解紧张生活带来的压力。而早期的沙龙以畅谈和交流文艺话题为主，18 世纪后的沙龙往往是孕育革命的温床。在沙龙聚会中人们讨论的话题更为广泛，开始涉及政治和科学，偶尔也会出现一些先进的思想言论。到了 19 世纪，沙龙全面步入鼎盛时期，但此时沙龙也开始遭到政府禁止，因为它在言论、思想等方面对政府统治构成了一定的威胁。因此，沙龙是社会上文化程度较高的群体交流思想和理念的地方，而非酒吧那种纯粹消费玩乐饮酒的场所。

---

① 曹丹丹. 沙龙文化在中法两国发展的对比性分析[J]. 青年文学家，2013(11)：197.

第四节　饮酒的礼仪

人类的饮酒历史源远流长，随着时间的推移，不同地区，不同民族的人们形成了能够展示他们独有的传统和风俗的饮酒方式与礼仪服务。下面来介绍一些国家的饮酒礼仪。

一、英国

在英国，酒吧几乎随处可见。自从罗马人当年入侵英国，历史学家就不断评论说，英国人比欧洲大陆的人更容易酗酒和酒后滋事。有史学家说：英格兰之所以在1066年的黑斯廷斯之战中一败涂地，是因为战前之夜，征服者威廉和他的诺曼底将士祈祷斋戒，枕戈待旦，而英军士兵喝得烂醉如泥。英国人被描绘成醉鬼已经有2000多年历史了。[①]大多数的英国人都喜欢喝酒，“酒精”一词在日常生活中出现的频率很高，在英国人看来直接空腹喝酒也是司空见惯的事。但喝酒很随意的英国却对酒吧实行很严格的分区管理，以泰晤士河畔为界线进行划分。

英国的饮酒礼仪服务可以用“混合艺术”这四个字概括。英国是一个重视礼仪的国家，贵族阶层受到全社会的尊重，代表着英国上层社会文化风气的贵族阶层也是英国饮酒的一大群体。英国贵族的饮酒礼仪讲究绅士风度和奢华的仪表，但未免有些过于烦琐。在一次宴饮中需要喝餐前酒、餐中酒和餐后酒这三次酒。

餐前酒大多在客厅饮用，主要是为了开胃，也为了等待宾客，以防宾客有事迟到而尴尬，在餐前30分钟左右饮用。

餐中酒饮用于用餐过程中，专门为配主菜而准备，这正是显示英国人绅士礼仪的时候。餐中酒多选用的是葡萄酒，红酒专门用来配红肉，不可以加冰；白葡萄酒用来配白肉，加冰口感会更好。喝酒之前，仆人或侍从把酒瓶放在托盘上，一边说出酒的品牌和生产年份，一边向客人展示，然后打开瓶盖，放在主人的桌前，给主人倒1/4杯，主人朝向宾客举杯，让宾客欣赏酒的颜色，再把酒杯放在鼻下深嗅一下酒的香气，最后在嘴里抿一小口，仔细品味酒的味道并徐徐咽下。

英国饮用餐后酒同样也非常讲究礼仪，一般多选用白兰地。饮酒时，酒杯必须使用透明的杯子，有色玻璃杯会影响对酒本身颜色的判定。

普通的英国人在饮酒礼仪上也坚守绅士的传统，但是略微不及贵族阶层。英

---

① 蓬生. 英国人与酒[J]. 世界文化，2008(4)：40-41.

国在饮酒的习俗上相较于其他欧洲国家更为保守谨慎。此外，英国人特别在意酒与酒杯的搭配，根据酒的种类、产区、年份选择酒杯类型，在这方面拥有独特的风格和讲究。

二、美国

大多数美国人都爱喝自己国家生产的美酒，他们饮酒时有自己的癖好，无论是啤酒、葡萄酒还是烈性酒。20 世纪，啤酒是美国人的最爱，在美国消费者心中占有至高无上的地位。而进入 21 世纪，年龄在 21 岁到 30 岁之间的年轻人开始宠爱葡萄酒，以及一些颜色绚丽、充满浪漫情调的鸡尾酒。美国在饮酒习俗和礼仪服务方面显得比较自由随意，是一个极为现代的国家，也是一个文化包容性较强的国家。

酒在快节奏的美国，是人们面对生活和工作压力时最好的调节剂，但是美国饮酒文化的重点在于健康。如今美国人的饮酒喜好从烈性深色酒转向非烈性浅色的啤酒、葡萄酒和果酒等。美国人通常在较为正规的宴会中饮用葡萄酒，但不会像英国人那样遵守古板的礼仪，也不会像法国人那样注重葡萄酒的欣赏和品鉴。美国人认为在宴会中饮用葡萄酒有很多好处：第一，葡萄酒有益于健康，而且酒度低不容易醉，不会因醉酒而失礼；第二，葡萄酒尤其是香槟可以起到调节气氛的作用，特别是在庆祝性的宴会中可以让大家其乐融融；第三，葡萄酒是配菜的绝佳选择，红葡萄酒、白葡萄酒、冰葡萄酒都可以增强肉类和鱼类的鲜嫩口感，使菜肴变得更加美味；第四，由于宴会中饮用葡萄酒能营造出浪漫而又优雅的情调，所以它既适合商务宴会，也适合朋友之间的聚会。美国人通常在休闲烧烤的时候喝啤酒，饮用其他酒类也非常注重与食物和菜肴的搭配，除了吃饭宴会之外，美国人很少以单纯饮酒作为休闲方式。美国人倡导一种简约自由的饮酒文化，因此在酒桌上不会特别讲究饮酒的顺序和酒杯的使用，正常的饮酒方式都可以接受。

另外，美国政府的一些酒令政策也对喝酒习俗产生影响，如在美国的俄克拉荷马州与密西西比州，人们只允许喝无甜味的酒，不能喝烈酒和其他口味的酒。美国各州法律限定，21 岁以下的年轻人不允许饮酒。另外，美国相关条例规定，星期一至星期六晚上 11 点以后不许卖酒，而星期天整天不准卖酒。同时，法律规定，任何人在工作期间不许喝酒。很多州有法律明文规定，不允许在公共场所喝酒。

三、意大利

意大利是一个嗜酒的国度，因此形成了独特的饮酒习俗和礼仪服务。虽然意大利人很爱喝酒而且对酒极为珍惜，但不酗酒，喝多少完全凭借自己的意愿，喝酒时没人会劝酒，更没有人会灌酒。意大利人注重饮酒时的礼仪，喝酒之前经常会说“干杯”“致敬”等话，在他们看来这是尊重对方的表现，也是很严肃正式的事，并不是酒桌上的敷衍。意大利人喝酒很有讲究，一般在吃饭前喝开胃酒，吃饭时会视菜定酒，根据菜的口味和色彩搭配不同类型的酒。意大利的饮酒习俗具有很深的历史渊源，它延续了古希腊、古罗马的酒精神，在饮酒时热情洋溢却不失优雅，具有高贵的品位又不失亲切，讲究礼仪但又不拘泥其中。

四、法国

法国人视酒为一般的饮料，只要他们想喝，随时都可以喝，从不分时间。如果到法国作客，只要主人拿出酒来就必须喝。因为酒是法国人招待宾客不可缺少的饮品，他们用喝酒来表示对客人的欢迎和尊重。浪漫的法国人在饮酒中时刻透露着高贵绅士的风度，他们特别注重饮酒礼仪，强调品酒，而不是喝酒。法国的饮酒礼仪主要体现在“细品慢饮”四个字上。法国人喜欢细细品尝美酒的风味，酒入口后，他们会尽可能放慢酒落入食道的速度，把酒从舌尖慢慢滑到喉头。在法国人看来，品酒最重要的法则是，越是好酒越要慢饮。法国人的饮酒礼仪主要体现在以下几个方面：倒酒、敬酒、饮酒。

倒酒体现着民族的礼仪，是法国饮酒文化的缩影，也有着独特的禁忌和注意事项。倒红酒时，最多将酒倒至杯中的 1/3 处，约在杯身直径最大的地方，切忌把酒杯倒满。为了摇晃品酒时不致使酒液溢出，酒杯要留有足够的空间，也可使酒中逸出的香气在杯中逗留，增加酒的香味。喝红酒时，用手指捏着杯身下的杯杆，或是用拇指和食指捏着杯底是正确的握杯姿势。虽然这种握法既不自然又不平衡，但它一方面可以很好地避免人体温度通过酒杯传导给红酒，引起酒的温度变化；另一方面也可避免手指印留在杯身，影响对酒的色泽的观赏。

五、俄罗斯

俄罗斯人爱喝酒，而且特别爱喝烈性酒，尤其钟爱伏特加酒，俄罗斯人将伏特加视为“国酒”。俄罗斯人性格外向、豪爽大方、热情好客，他们非常喜欢豪爽的喝酒方式。俄罗斯人的待客宴席上必定有酒，而且往往是烈性酒。另外，俄罗斯人在和客人开怀畅饮时有劝酒传统，但同时又认为醉酒是不文明的行为。在俄罗斯，啤酒不能当作酒类摆到桌上，更不能用啤酒招待客人，否则会被看作很失礼。俄罗斯人普遍认为，能饮烈性酒是男子汉的象征，不会饮酒的男子会被责为“不是男子汉”。俄罗斯人很重视节日，每逢佳节都要郑重其事地喝酒。俄罗斯人饮酒时习惯大杯干杯，大口喝酒，在喝伏特加时，有拍喉咙的习惯，酒入口后还要先从喉咙里发出“咕噜”声。俄罗斯人饮酒不讲究菜肴，没有特别精细烦琐的礼仪，只要有酒即可。因此，在俄罗斯人的饭局上，只要有酒喝就行，菜的质量和数量并不重要。

六、澳大利亚

澳大利亚人喜欢喝啤酒。20 世纪 90 年代早期，澳大利亚人均啤酒消费量在世界上名列第三。但是在澳大地亚本土，喝酒有着严格的时间限制：一般只有在下午 6 时后才可以喝酒，而在冬天，喝酒时间还要延迟一小时。在新年或者节日期间，要到晚上 11 时左右才能开始饮酒。澳大利亚人喜欢的都是低度淡酒，他们在饮酒时更注重优雅和休闲，他们喜欢的是饮酒时放松的感觉，酒类本身并不能给饮酒人带来乐趣。他们注重健康和幸福，因此不会酗酒。在宴会中多饮用葡萄酒，以显示绅士风度，他们的礼节类似于英国。澳大利亚人喜欢在出游度假的时候饮用啤酒。澳大利亚的啤酒有酒精含量都保持在合法的范围内的高浓度啤酒和淡啤酒两类。通常而言，澳大利亚的啤酒酒精度比美国和英国的略高一些，但他们会理性控制每次的饮酒量，尽量不醉酒。在澳大利亚没人愿意喝常温的啤酒，在饮用啤酒时一定要冰镇。因此，澳大利亚人去海边游玩或是去丛林探险度假时，会随身携带一个冷饮保藏盒，外加几瓶特色啤酒。

七、新西兰

酒在新西兰人眼里是生活中不可缺少的一部分，也是日常交际礼节中的必要环节。受邀到新西兰的朋友家做客，带上一瓶威士忌作为礼物是最合适的，这份礼物既不会显得太贵重，也会被主人喜爱。新西兰人通常不喜欢甜酒，他们轻易不会饮用甜酒，除非与甜品一起搭配食用。新西兰人喜欢喝啤酒和烈酒。不管是在新西兰的宴会上，还是平日里家庭的聚餐，进餐之前，他们都会习惯性地先喝饭前的开胃酒。新西兰人很注重饮酒的时间和顺序。一般情况下，开胃酒以啤酒为主，在进餐时，他们也会开几瓶上好的葡萄酒，但是葡萄酒的颜色必须与菜色和风味搭配，否则他们宁愿进餐时不喝酒。新西兰人喜欢在饭后喝一碗浓汤，因此他们通常不喝餐后酒。另外，新西兰对酒类的限制严格程度甚至超过了澳大利亚，特许卖酒的餐厅也只能售卖葡萄酒，即使一些允许供应烈性酒的餐厅，顾客必须在正餐后才能被允许喝一杯酒。为限制大众饮酒，新西兰政府限酒条令层出不穷，例如，将国民法定饮酒年龄从 18 岁上调至 20 岁，禁止在便利店贩卖酒类，酒品贩卖商店的地点和营业时间由当地的社区决定等。这一系列的法律性措施，都影响了新西兰的饮酒文化，采用理性温和的方式饮酒。

八、巴西

到巴西人的家里做客，杯里永远都不会少酒，他们慷慨好客、热情豪爽，毫不在意在大庭广众之下表露他们的热情。巴西人喜欢用酒招待亲朋好友，在饮酒过程中礼貌待人，让客人既能感受到主人的热情，又能感受到他们的礼貌与风度。巴西人通常不会在家里招待普通朋友喝酒，而为了表示对他们的尊重会到餐厅或酒吧。特别亲密的朋友则会参加主人的家庭酒宴，而客人应邀参加家庭酒宴时，通常要带礼物来回谢主人的邀请，对他们而言，美酒是首选的礼物。除了在餐厅和酒吧，巴西人的日常交际场所就是随处可见的街道上的餐馆和露天饮食的地方，关系亲密的好朋友会经常聚在这里，聊天吃饭，还会通宵达旦地饮酒。但是他们饮酒时很重视礼仪和文明，一般不会劝酒，更不会灌酒，他们通常采用彼此敬酒的方式来表示对别人的尊重和欢迎。席间主人敬酒时，不喜欢喝酒的客人也可以用其他饮料代替，而喜欢喝酒的客人可以根据自己喜欢的口味，选择饮用哪种酒。

九、日本

日本也有自己的酒品牌和酒礼仪。日本是非常注重群体行为的民族，而喝酒有助于情感的交流，维持群体的和谐，因此在日本，很多场合下必不可少的仪式和交往手段就是喝酒。日本人喝酒往往有自己的定点酒馆，他们有时会买下一大瓶酒写上自己的名字，然后搭配专用的酒杯一起寄存在酒馆里，喝光后再续上一瓶。日本人喝酒也喜欢一连喝几个酒馆的“接力式”，至深夜一醉方休。日本是讲究礼仪的国家，在喝酒时也特别注重礼仪。哪怕对方只喝了一口他们也要把对方的酒杯斟满，因为在日本人看来，如果对方的酒杯空了是很大的失礼。他们饮酒颇有情致，对酒杯酒具都很讲究，很注重文明，喝酒时尽量使用自己的专用酒杯，一般不劝酒，也不猜拳行令。日本人饮酒讲究淡雅和含蓄，相较于浓烈和张扬，他们更愿意细品慢饮，喜欢喝低度的清酒，而且使用的酒盅很小。但日本人常常以酒助兴或以酒消愁，喝酒绝不节制，自然也容易醉倒，他们喝酒常以大醉为乐。但即便是醉酒，日本人也不愿意说出自己的心事。

十、韩国

韩国人素来热情好客，酒场对于成年男人来说很重要，不管是亲朋好友的交往还是职场中的升职加薪，都离不开酒的熏陶。[①]在韩国，不喝酒就交不到朋友，每逢贵客造访和亲朋好友相聚，少不了以酒助兴。然而韩国的未成年人绝对不可以饮酒。韩国人一般不喜欢在固定的地方喝酒，他们喝酒的礼仪和花样很多，会不停地换场所。在酒桌上，他们想和对方建立友谊或者信任的关系，或表示对他人的关心和赞赏时，无论男女都喜欢把自己的酒杯递给对方，让别人倒酒给自己喝。正因为这样的习俗，韩国人喜欢喝交杯酒，男女之间喝交杯酒在韩国很普遍。韩国的饮酒礼仪代表着韩国传统的特殊礼节。酒桌上第一杯酒通常都是长辈倒给晚辈的，而晚辈接酒时，必须站起或跪着用右手接，左手扶在右手的下边，年轻女人一般用两只手去接酒，年轻男人为表示谦逊礼貌要把左手放到胸前或右小臂的下方，接过长辈倒的酒后要站着背过脸去，把酒喝光，再重新入座。长辈在倒酒时可以随便一些，用一只手，坐着也可以，而晚辈给长辈斟酒时，必须双腿跪着，先给长辈行礼，长辈会主动把酒杯拿出来让他倒满，也不会一下子喝光。如果晚辈的座位离长辈的比较远，就要自己带酒杯和酒瓶到长辈那里斟酒。

韩国人和同龄朋友一起喝酒就比较随意，他们认为自己倒酒的话，对面的人要倒霉三年，所以不能给自己倒酒。对方倒酒时满杯最好，并且还要一饮而尽。韩国人习惯看到对方的酒杯空时就倒酒，有人来敬酒时，如果酒杯里有酒，就必须在接受别人倒酒之前把酒杯里的酒喝光。喝酒的时候，还要知道朋友们的年龄，按照年龄的大小顺序倒酒。韩国人饮酒时不能发出声音，多人一起饮酒时，要尽量使席间气氛活跃热烈，但是不能过分，主人要及时过来劝阻已经喝醉但还是不停地喝酒的客人。在酒桌上，主人自己的饮酒量要看长辈，根据长辈喝的多少来决定自己喝多少，主人也绝对不能执意劝客人喝不喜欢的酒。如果喝醉了，要注意言行，不能失态，要在酒席的第二天表示谢意，不能在散席的时候向主人致谢。

---

① 任晓礼，翠园萍. 解读韩国酒文化——一种谋求亲和的男性社会礼仪[J]. 当代韩国，2009(3)：75-79.

教师服务

感谢您选用清华大学出版社的教材！为了更好地服务教学，我们为授课教师提供本书的教学辅助资源，以及本学科重点教材信息。请您扫码获取。

教辅获取

本书教辅资源，授课教师扫码获取

样书赠送

旅游管理类重点教材，教师扫码获取样书

清华大学出版社

E-mail: tupfuwu@163.com
电话：010-83470332 / 83470142
地址：北京市海淀区双清路学研大厦 B 座 509

网址：http://www.tup.com.cn/
传真：8610-83470107
邮编：100084